广东省化妆品工程技术研究中心资助项目
广东省化妆品专业示范基地资助项目
广东省省级实验教学示范中心资助项目

高等院校化妆品专业系列教材

化妆品配方与工艺学实验

主　编　何秋星

副主编　许东颖

编　委　（按姓氏笔画排序）

方电力（广东博然堂生物科技有限公司）

邓金生（广州今盛美精细化工有限公司）

伍春娴（广东药科大学）

许东颖（广东药科大学）

何秋星（广东药科大学）

唐新宜（广东药科大学）

桑延霞（广东药科大学）

谢志辉（中山卡丝集团）

U0248931

科学出版社

北　京

内 容 简 介

本教材由"高等院校化妆品专业系列教材"编审委员会组织编写。本教材较系统地介绍了化妆品配方设计基础知识、常用化妆品生产技术、化妆品生产的主要设备及种种不同类型化妆品,如乳液类化妆品、膏霜类化妆品、水剂类化妆品、洁肤类化妆品、彩妆类化妆品、面膜类化妆品的制备、药妆类化妆品、精油类化妆品及牙膏、爽身粉等的配方设计与生产工艺。教材内容应用性强,在新原料、新品种、新工艺、新设备、新技术方面均有所涉及,符合化妆品"更新速度快"的特点。

本教材可作为普通高等院校化学、应用化学、材料化学、制剂、制药工程、食品科学、食品科学与工程、化学工程与工艺和高分子材料与工程等专业实验课程的教材;也可以作为化妆品工程技术相关科研技术人员的参考教材。

图书在版编目(CIP)数据

化妆品配方与工艺学实验 / 何秋星主编. —北京:科学出版社,2017.10
ISBN 978-7-03-054279-3

Ⅰ. ①化…　Ⅱ. ①何…　Ⅲ. ①化妆品–配方–高等学校–教材 ②工艺学–实验–高等学校–教材 Ⅳ. ①TQ658 ②TB4-33

中国版本图书馆 CIP 数据核字(2017)第 212721 号

责任编辑:胡治国 / 责任校对:郭瑞芝
责任印制:李 彤 / 封面设计:陈 敬

科 学 出 版 社 出版
北京东黄城根北街 16 号
邮政编码:100717
http://www.sciencep.com

北京中科印刷有限公司 印刷
科学出版社发行 各地新华书店经销
*

2017 年 10 月第 一 版　开本:787×1092 1/16
2024 年 1 月第八次印刷　印张:10
字数:244 000
定价:45.00 元
(如有印装质量问题,我社负责调换)

丛 书 前 言

化妆品产业是美丽经济和时尚事业，解决的是清洁、干燥、瑕疵、皱纹等问题，近30年在我国得到了迅猛发展，取得了前所未有的成就。由于受收入水平提升带来的消费层次升级、消费习惯改变等因素的影响，我国化妆品产业将在未来一段时间继续保持稳定增长态势，产业发展空间巨大。我国化妆品市场中，外资名牌产品占据重要地位，而民族企业因为人才、技术及资金等因素的制约，难以在品牌策划、产品开发和质量保障等诸多方面与跨国企业相抗衡，尤其是在原料开发、新剂型创新等基础研究方面比较薄弱，仍处于初级阶段。对于培养化妆品人才的高等教育来说，目前只有少数几个高校在应用化学、轻化工程或生物学专业中开设化妆品方向，相关的课程体系还需要尽快建立和完善。

为适应高等院校化妆品专业人才培养的需要，创建一套符合我国化妆品专业培养目标和化妆品学科发展要求的专业系列教材，以教学创新为指导思想，以教材建设带动学科建设为方针，广东省化妆品工程技术研究中心设立化妆品专业教材专项资助资金，组织成立"高等院校化妆品专业系列教材"编审委员会，根据化妆品学科对化妆品技术人才素质与能力的需求，充分吸取国内外化妆品教材的优点，组织编写了这套化妆品专业系列教材——"高等院校化妆品专业系列教材"，这对于推动我国高等院校化妆品专业发展与人才培养具有重要的意义。

本系列教材涵盖专业基础课、专业核心课、专业选修课、实践环节课和专业综合训练课，重点突出化妆品专业基础理论、前沿技术和应用成果，包括中药化妆品学、生物化妆品学等理论课教材，以及香料香精实验、表面活性剂实验、化妆品功效评价实验、化妆品安全性评价实验、化妆品质量分析检测实验、化妆品配方与工艺学实验等实验指导书，力求做到符合化妆品专业培养目标、反映化妆品学科方向、满足化妆品专业教学需要，努力创造具有适用性、系统性、先进性和创新性的特色精品教材。

本系列教材主要面向本科生、研究生及相关领域的科学工作者和工程技术人员。我们希望本系列教材既能为在校大学生和研究生的学习提供内容先进、论述系统的教材，又能为从事化妆品研究开发的广大科学工作者和工程技术人员的知识更新与继续学习提供合适的参考资料。

值此"高等院校化妆品专业系列教材"陆续出版之际，谨向参与本系列教材规划、组织、编写的教师和科技人员，向提供帮助的从事化妆品高等教育的教师，向给予支持的科学出版社，致以诚挚的谢意，并希望本系列教材在高等院校化妆品专业人才培养中发挥应有的作用。

申东升
2017 年 2 月

前　言

随着人们生活水平的提高，化妆品产业得到了快速的发展，越来越多的人每日都会使用各种不同类型的化妆品。化妆品是配方与工艺相结合所形成的艺术品。不同的配方可以形成不同的产品，不同的工艺也可以形成不一样的产品。一个好的化妆品离不开合理的配方设计与精益求精的生产工艺。化妆品配方与工艺学实验是我校应用化学专业的必修课之一，也是我校其他专业的选修课程之一。作者在长期钻研化妆品配方及工艺实验课程教学体系、改革实验教学内容的基础上，根据加强应用型人才培养的要求，编写了本教材。

本教材为高等院校化妆品专业系列教材。本教材由"高等院校化妆品专业系列教材"编审委员会组织编写，教材内容突出应用性强，在新原料、新品种、新工艺、新设备、新技术方面均有所涉及，符合化妆品"更新速度快"的特点。

本教材分为十三章，共安排了 37 个实验。第一章为化妆品配方设计基础知识，包括化妆品的定义、分类及其作用和化妆品配方设计基础。第二章为常用化妆品生产技术，主要介绍了各种类型化妆品的生产技术。第三章为化妆品生产的主要设备，包括液体类化妆品生产设备、粉类制品生产设备、膏霜类化妆品生产设备、灭菌和灌装用主要生产设备等。第四章至第十二章分别为乳液类化妆品、膏霜类化妆品、水剂类化妆品、洁肤类化妆品、彩妆类化妆品、面膜类化妆品、药妆类化妆品、精油类化妆品及其他日化产品，如牙膏、爽身粉等的配方设计与生产工艺。第十三章为化妆品综合实验，我们设计了三个有代表性的化妆品综合实验，分别为实验三十五：具有多功能洗发香波的配方设计、生产工艺及产品性能检测；实验三十六：多功能护肤乳霜的开发及性能检测和实验三十七：低刺激性防晒保湿霜的开发及功效评价。本教材开设此类综合实验，力求全方位地培养学生对化妆品的研发、生产及质量控制的能力，为学生日后从事化妆品产品的研发、生产及管理提供基础指导。

本教材可作为普通高等院校化学、应用化学、材料化学、制剂、制药工程、食品科学、食品科学与工程、化学工程与工艺和高分子材料与工程等本科专业及相关专业研究生实验课程的教材；也可以作为化妆品工程技术相关科研技术人员的参考教材。

本教材由何秋星担任主编，许东颖担任副主编。第一章由桑延霞编写，第二章、第六章至第九章由许东颖编写，第三章由唐新宜编写，第四章由邓金生编写，第五章由谢志辉编写。第十章由方电力编写，第十一章和十二章由何秋星编写，第十三章由伍春娴编写，本教材在编写过程中，参考了国内外相关文献资料及化妆品企业生产技术资料，在此向所有著作者表示衷心的感谢。

由于编写时间仓促，编者水平所限，书中难免有不足之处，恳请读者批评指正。

编　者

2017 年 5 月

目　　录

《化妆品配方与工艺学实验》

实 验 须 知

一、实验要求

（1）实验前应认真预习，做好预习报告，明确实验目的，掌握实验原理，了解实验步骤，做好当日实验计划。

（2）实验时要遵守实验室规章制度，严格按照操作要求认真操作，正确使用各种仪器，掌握基本操作技术。养成及时记录的习惯，观察到的现象和结果及有关的重量、体积、温度或其他数据，应立即如实记录。

（3）实验室内必须保持安静、整洁。不准大声喧嚷，不准吸烟，不准迟到早退。实验结束后应保持桌面、仪器、水槽、地面清洁。废弃的固体和滤纸等丢入废物缸内，绝不能丢入水槽或丢到窗外。废液应倒入指定的回收瓶中，有毒有害的废液禁止倒入水槽。

（4）实验后要认真分析实验现象，做出合理结论，写出实验报告，留样观察的样品需贴上标签，标签上需标明专业、班级、学号及姓名（可用缩写），放到老师指定的地方统一保存。所配制的产品如需带出实验室进行观察，可以提前自带样品容器，禁止私自将实验室仪器带出实验室。

（5）每次实验完毕，当日值日生负责整理公用仪器，将通风柜、实验台、地面打扫干净，凳子统一靠实验台摆放整齐；倒清废物缸，检查水电开关，关好门窗。

二、实验室规则

（1）在实验室中要穿实验服、长裤、不准穿拖鞋，实验过程中不准做与本次实验无关的事情，严禁玩手机。

（2）必须遵守实验室的各项制度，听从教师指导，尊重实验室工作人员的职权。

（3）实验前应清点并检查仪器是否完整，装置是否正确，合格后才能开始实验。

（4）使用仪器时要轻拿、轻放，贵重仪器未经教师允许不得擅自动用。一旦损坏仪器应及时报损、补领，不得乱拿、乱用别人的仪器。

（5）公用仪器和药品，用完后立即归还原处，不可调错瓶塞，以免污染。仪器使用完毕应清理干净。节约用水、用电，节约试剂，严格药品用量。

三、实验室安全注意事项

（1）使用易燃溶剂时，应在远离火源和通风的地方进行，启封易挥发溶剂瓶盖时，脸要避开瓶口，并慢慢启开，以防气体冲到脸上。

（2）使用电器设备时，要事先了解电路及操作规程。使用时，注意仪器和电线不要放在潮湿处，手湿时不要接触电源。

（3）实验室一旦发生火灾事故，应保持镇静，并采取各种相应措施。首先，要立即断绝火源，切断电源并移开附近的易燃物质。锥形瓶内溶剂着火可用石棉网或湿布盖熄。小火可用湿布或黄沙盖熄，火势较大时应根据具体情况采用相应的灭火器材。

（4）所有仪器设备的运转，必须在实验指导老师的指导下才可以操作，擅自操作，损坏仪器设备者，必须照价赔偿；造成事故者，由本人负责。

（5）使用空压机时，人员勿靠近，以免高压气体伤人。

（6）使用压粉机时，不要将手伸入机内。

第一章

化妆品配方设计基础知识

一、化妆品的定义

根据我国《化妆品卫生监督条例》规定，化妆品是指以涂擦、喷洒或者其他类似的方法，散布于人体表面任何部位（皮肤、毛发、指甲、口唇等），以达到清洁、消除不良气味、护肤、美容和修饰目的的日用化学工业产品。关于化妆品的定义，世界各国（地区）的法规定义略有不同。

尽管根据我国法规，牙膏、香皂和浴皂不包括在化妆品的法定含义内，但其生产工艺与化妆品有些相似。鉴于历史原因，从行业生产管理和商业流通管理等方面考虑，一般情况下都不把它列为化妆品。实际上很多化妆品厂都生产这类产品。

二、化妆品的分类及其作用

化妆品种类繁多，性能、形态交错，因此难以科学地、系统地进行分类。目前，国际上对化妆品尚没有统一的分类标准，各国的分类方法也不尽相同，有根据功用、剂型、成分类别、生产工艺、配方特点进行分类的，也有根据使用目的、部位、使用者年龄、性别等因素进行分类的。每种方法都有其优缺点，一种分类很难建立起综合的分类体系。目前多数是按产品的使用目的、使用部位和剂型进行混合分类。

（一）按化妆品的使用目的分类

1. **清洁类** 如清洁霜、清洁奶液、清洁面膜、磨砂膏、去死皮膏、牙膏等。
2. **护理类** 如雪花膏、冷霜、奶液、防裂膏、化妆水、发油、发蜡、发乳、洗发膏、护发素等。
3. **美容类** 如香粉、胭脂、唇膏、唇线笔、眉笔、眼影膏、鼻影膏、睫毛膏、烫发剂、染发剂、发胶、摩丝、定形发膏等。
4. **营养类** 如人参霜、维生素霜、珍珠霜、丝素霜、人参发乳等。
5. **芳香类** 如香水、花露水、古龙水等。
6. **特殊用途类** 如雀斑霜、粉刺霜、去臭剂、抑汗剂、脱毛剂、减肥霜、去屑止痒香波、药性发乳等。

（二）按化妆品的使用部位分类

1. 毛发用化妆品类

（1）洁发用品：如洗发膏、香波、调理香波、二合一香波等。
（2）护发用品：如护发素、发露、焗油膏等。
（3）整发用品：如发油、发蜡、发乳、啫喱膏、发胶、摩丝等。
（4）美发用品：如烫发剂、染发剂、漂白剂等。

（5）剃须用品：如剃须露、剃须乳（霜）等。

2. 皮肤用化妆品类

（1）洁肤用品：如清洁霜、清洁奶液、清洁面膜、磨砂膏、卸妆油等。

（2）护肤用品：如雪花膏、润肤乳、早晚霜（露）等。

（3）美肤用品：如粉底、遮盖霜、胭脂等彩妆品。

3. 唇、眼用化妆品类

（1）唇部用品：如防裂唇膏、彩色唇膏、亮唇油、唇线笔等。

（2）眼部用品：如眼影、睫毛膏、眼线液（笔）等。

4. 指甲用化妆品类

（1）修护用品：如去死皮剂、柔软剂、抛光剂、增强剂、指甲霜等。

（2）上色用品：如指甲油、指甲白等。

（3）卸除用品：如洗甲水、漂白剂等。

（三）按剂型分类

1. **水剂类产品**　如香水、花露水、化妆水、冷烫水等。
2. **油剂类产品**　如发油、发蜡、防晒油、浴油、按摩油等。
3. **乳剂类产品**　如清洁霜、清洁奶液、润肤霜、营养霜、雪花膏、冷霜、发乳等。
4. **粉状产品**　如香粉、爽身粉、痱子粉等。
5. **块状产品**　如粉饼、胭脂等。
6. **悬浮类产品**　如香粉蜜等。
7. **表面活性剂溶液类产品**　如洗发香波、浴液等。
8. **凝胶类产品**　如抗水性保护膜、染发胶、面膜、指甲油等。
9. **气溶胶制品**　如喷发胶、摩丝等。
10. **膏状产品**　如泡沫剃须膏、洗发膏、睫毛膏等。
11. **锭状产品**　如唇膏、眼影膏等。
12. **笔状产品**　如唇线笔、眉笔等。
13. **珠光状产品**　如珠光香波、珠光指甲油、雪花膏等。

按产品的外观形状、生产工艺和配方特点分类，有利于化妆品的生产设计、产品规格标准的确定及分析试验方法的研究，有利于生产和质检部门进行生产管理和质量检测。按产品的使用部位和使用目的分类，比较直观，有利于配方设计及生产过程中原料的选用。

随着化妆品工业的发展，化妆品已从单一功能向多功能方向发展，许多产品在性能和应用方面已没有明显界线，同一剂型的产品可以具有不同的性能和用途，而同一使用目的的产品也可制成不同的剂型。因此，在实际应用中要加以注意。

三、化妆品配方设计的基本要求

化妆品主要是由各种原料经过配方加工而制成的一种复杂的混合物。质量的优劣受配方组成、工艺技术、原料的质量和功能等因素的制约。科学的化妆品配方设计能够保证产品质量，提高生产效率，节约生产成本，缩短研发周期。因此优秀的化妆品配方研发人员必须具备以下几方面的素质。

1. 掌握化妆品相关的国家法律法规　目前的化妆品监督管理法规体系主要包括法规、

部门规章、规范性文件和各类技术型标准。我国关于化妆品的法规、规范如《化妆品安全技术规范》(2015版),明确规定了化妆品的一般卫生要求,禁用、限用原料及检验评价方法,这些规定对化妆品的配方设计有很好的指导作用。在国家法律、法规的范围内进行科学合理的配方设计,才能避免潜在的有毒有害成分导致的安全性问题。

2. 掌握各种原料的物理化学性质   化妆品原料是构成化妆品的最基本要素,随着精细化学品工业的发展,大量优质、具有新型功能的天然原料和人工合成原料不断被用于化妆品行业。化妆品是直接使用于人体各部分的物质,所以应该掌握化妆品原料的分类、物理性质、作用、用量、配伍及使用禁忌,以便慎重选择最佳原料,控制用量,确保产品质量。

3. 明确配方的目的和要求   化妆品新产品研究和发展是企业生存和发展、参与激烈市场竞争的一项重要工作。研发人员要善于捕捉相关行业的研究成果,发现技术新动态,从市场调研中获取消费者的需求及未来的流行趋势。综合以上信息,并结合有关政策、法规及企业规划和条件确定新产品的目的和要求,做到有的放矢。

4. 熟悉产品的工艺条件   化妆品生产工艺主要包含均质、乳化和搅拌等混合过程。不同形态、剂型、原料配比的化妆品,对生产工艺中的各项技术参数要求各不相同。即使是同一配方,采用不同工艺条件生产,其感官指标和稳定性也有很大差异。应根据原料物性和产品的要求选用合适的生产工艺参数。

5. 掌握产品质量的评价方法   新产品的研发过程是一个探索的过程,不断调整、完善的过程。根据预定配方制备的产品,必须通过一系列的感官评价、稳定性评价、理化卫生检测及安全性和功效性的评价来检验产品的稳定性、使用性、安全性及功效性。根据检测的结果对配方进行不断调整和优化,直到满足产品的目的和要求。

四、化妆品配方基本框架

尽管化妆品涉及种类繁多,组成复杂,但从总体框架来看,通常各种各样的化妆品的配方中基本上都包含两个部分即主体成分及其辅助成分。产品种类不同,主体成分有所不同,但一般地,主体成分相对比较固定,如洗涤类化妆品的主体成分由具有一定去污作用的表面活性剂所组成,而护肤乳化类化妆品的主体成分则以油脂、蜡等润肤剂为主。辅助成分通常用量少,但作用非常显著,主要包含乳化体系、增稠体系、抗氧化体系、防腐体系、功效体系及感官修饰体系等。

1. 乳化体系   在配方设计的时候,通常要根据各种产品的具体要求选择合适的辅助成分。如对于乳化体系,乳化剂的选用就非常重要,除了需要考虑产品成本外,更多地要考虑到乳化剂的选用对产品体系的稳定性、安全性与刺激性的影响。在乳化体系中通常乳化剂的质量分数一般<10%,大多为3%~5%。

2. 增稠体系   其选择也很重要,将直接影响产品的流变性质,通过测定产品的流变学参数,如黏度、屈服值、流变曲线类型、触变性、弹性和动态黏弹谱等来考查产品的流变学性能。增稠体系的设计应遵循稳定性原则、多种增稠剂复配原则、成本最低原则、满足感官要求原则及与包装配套的原则等。化妆品常用增稠剂主要包括水相增稠剂,如聚丙烯酸聚合物、羟乙基纤维素、瓜尔胶、黄原胶等;油相增稠剂,如三羟基硬脂酸甘油酯、铝/镁氢氧化物硬脂酸络合物等。通常以水相高分子增稠剂为主(有时也会选取油相增稠剂),其用量视产品流变学的要求及高分子本身的性能决定。

3. 抗氧化体系   其设计应该考虑到化妆品体系的原料组成中油脂、香精、色素等是否含有易氧化组分，尤其组成中是否含有双键、参键、酚、醛、酮等，通常原料中含有这些基团时，在合适的条件下易被氧化，所以为了保证产品质量的稳定性，在化妆品配方设计时，抗氧化体系的设计也是很重要的。在选择抗氧化剂时应该考虑到抗氧剂在较宽广的 pH 范围内是否具有较好的性能，是否安全无毒，在储存与加工过程中的稳定性与成本问题等。化妆品常用抗氧化剂主要有维生素 E、没食子酸、2，6-二叔丁基对甲酚、叔丁基氢醌、卵磷脂、谷氨酸、乙醇胺；有机酸及亚磷酸及其盐类等。其用量及选用种类应遵守《化妆品安全技术规范》（2015 版）。

4. 防腐体系   在设计时需要遵从安全、有效、有针对性及与配方其他成分相容的原则等进行选取，当然还应该考虑广谱的抗菌性，良好的水溶性，低成本及对温度、酸、碱的稳定性。通常可以根据产品的类型、pH、使用部位及产品的配方组分等选取合适的防腐剂。通过菌落总数及防腐挑战试验测试防腐剂的防腐效果。化妆品常用防腐剂主要有尼泊金酯类、咪唑烷基脲、乙内酰脲、异噻唑啉酮、苯甲酸/苯甲酸钠/山梨酸钾、布罗波尔、IPBC 等。防腐剂的用量及选用品种须严格遵守《化妆品安全技术规范》（2015 版）。

5. 功效体系   功效性化妆品指专门针对问题性皮肤而设计的，具有特殊用途的化妆品，一般对皮肤有特别的护理作用，如祛皱、抗衰老、美白祛斑、祛痤疮、防晒等。化妆品的功效性已经越来越成为企业产品宣传的亮点所在。要想实现产品的特殊功效性，除了选择具有合适功效的化妆品原料及用量以外，还应该考虑功效成分与配方其他组分的配伍性，提高其协同增效作用，尽量避免"负作用"的产生。

6. 感官修饰体系   主要指香精、色素等用于改变产品外观、气味等。合适的香精、色素等感官修饰剂可以提升消费者的购买欲望，但过度的使用香精与色素却往往适得其反，还有可能造成消费者皮肤过敏不良反应。通常在化妆品体系中感官修饰剂的用量＜1%。

五、化妆品配方的调整

化妆品的配方调整是在不断试验的基础上进行的配方完善和优化的过程，首先根据评价结果确定配方或产品的缺陷，分析原因，明确需要调整的因素和方法。通常配方的调整因素包括：原料种类的调整、原料用量的调整及工艺条件的调整。

1. 原料种类的调整   对产品质量的检测和评价结果进行分析，确定不良结果的原因，如果是原料引起的，应根据所用原料的性质及其在产品中的作用对原料进行调整，选取同类型、性质相似的原料进行替换或补充。在单因素实验设计时，每次只能改变一个因素，不能同时替换或补充几种原料，以便于对不良结果进行分析。例如，单独采用脂肪醇醚-6 和脂肪醇醚-25 做膏霜的乳化剂时，产品肤感油腻，不适合做清爽型膏霜，必须对乳化剂进行调整，选用甲基葡萄糖苷倍半硬脂酸酯和甲基葡萄糖苷聚氧乙烯（20）倍半硬脂酸酯乳化剂比较合适，或者选取脂肪醇醚-6 和脂肪醇醚-25 复配使用。

2. 原料使用量的调整   确定原料种类后，在法律、法规允许的用量范围内，依据原料特性及产品的性能要求确定各原料的用量。在一个产品配方中，同时使用几种功能相同或类似的原料时，必须对几种原料的用量进行优化，降低原料成本，优化体系结构。

3. 生产工艺的调整   大多数化妆品都是乳化类型产品，其生产工艺主要是乳化过程，乳化的温度、时间、功率及搅拌的速度、冷却方式等对产品的外观和稳定性有很大的影响。应根据原料物理化学性质和产品要求，选用合适的工艺参数。例如，有些原料熔点高，需在较高温度下乳化；若高温下原料不稳定，应严格控制该原料加样时的温度或加样时间；

有些高分子原料不耐剪切，均质时需控制时间和功率；搅拌速度越高，油、水相混合越充分，但搅拌速度过高，会将空气带入乳化体系，使之成为三相体系，导致体系不稳定或影响产品外观。

一款复杂、高性能化妆品的成功开发不是通过简单搅拌而成的混合物，而是科学和艺术的结合，是理性与感性的完美结合。

本章思考题

1. 简述化妆品的定义及其分类。
2. 举例说明常用化妆品的配方组成。
3. 如何进行化妆品配方设计？

第二章

常用化妆品生产技术

化妆品种类繁多，不同类的化妆品的生产工艺有所不同，同类的化妆品也可以采用不同的工艺进行生产。本章分别对乳剂类化妆品、水剂类化妆品、粉体类化妆品及美容类化妆品大致的生产技术进行了介绍。

第一节　乳剂类化妆品的生产

乳剂类化妆品是化妆品中用量较大，使用人群较广的一类化妆品。由于其成分一般较复杂，且在生产过程中各组分黏度较大，传质传热不稳定，导致在实际生产过程中，即使采用同样的配方，但由于操作时加料方式、乳化时间、乳化温度及搅拌方式与速率等条件的不同，制得的产品的性能与稳定性会有所不同，甚至相差悬殊。因此，根据不同的配方和不同的要求，应采用合适的配制方法，才能得到较高质量的产品。

本节主要介绍乳剂类化妆品的生产技术，其技术同样也适用于润肤霜、清洁霜、夜霜、调湿霜、按摩霜等膏霜类化妆品的生产。

（一）生产程序

（1）油相的制备：将油、脂、蜡、乳化剂和其他油溶性成分混合后，在不断搅拌条件下加热至 70～75℃，使其充分融化或溶解均匀待用。应避免过度加热和长时间加热，以防止原料成分氧化变质。容易氧化的油分、乳化剂和防腐剂等可在乳化之前加入油相，溶解均匀，即可进行乳化。

（2）水相的制备：将水溶性成分，如甘油、丙二醇、山梨醇等保湿剂，碱类，水溶性乳化剂等混合后，在搅拌下加热至 80～90℃，维持 20min 灭菌，然后冷却至 70～80℃，待用。如配方中含有水溶性聚合物，应单独预分散，将其溶解在水中，在室温下充分搅拌使其均匀溶胀，防止结团，如有必要可进行均质或加热溶解，在乳化前加入水相。要避免长时间加热，以免引起黏度变化。为补充加热和乳化时挥发掉的水分，可按配方多加 3%～5%的水。

（3）乳化和冷却：上述油相和水相原料按一定的顺序加入乳化锅内，在一定的温度（如 70～80℃）条件下，进行适时的搅拌和乳化。乳化过程中，水相和油相的添加方法（油相加入水相或水相加入油相）、添加的速度，搅拌条件、乳化温度和时间、乳化器的结构等对乳化体粒子的形状及其分布状态都有很大影响。均质的速度和时间因不同的乳化体系而异。对于含有水溶性聚合物的体系，均质的速度和时间应加以严格控制，以免过度剪切，破坏聚合物的结构，造成不可逆的变化，改变体系的流变性质。如配方中含有维生素或热敏的添加剂，则在乳化后较低温度下加入，以确保其活性，但应注意其溶解性能。

乳化结束后，乳化体系应缓慢搅拌直到冷却到接近室温。卸料温度取决于乳化体系的软化温度，以能从乳化锅内流出为宜；也可用泵抽出或用加压空气压出。冷却速度，冷却时的剪切应力，终点温度等对乳化剂体系的粒子大小和分布都有影响，须根据不同的乳化体系，选择最优条件。

（4）陈化和罐装：卸料后的乳化体一般应该储存、陈化24h或数日后才能用罐装机进行罐装。罐装前需对产品进行质量评定，质量合格后方可进行罐装。

（二）乳化剂的加入方法

（1）乳化剂溶于水的方法：将乳化剂直接溶解于水中，在不断搅拌下慢慢地把油加入水中，制成油/水（O/W）型乳化体。若要制成水/油（W/O）型乳化体，则继续加入油相，直到转相变为W/O型乳化体为止，此法所得的乳化体颗粒大小很不均匀，因而也不很稳定。

（2）乳化剂溶于油的方法：将乳化剂溶于油相（用非离子表面活性剂作乳化剂的，一般用这种方法），有2种方法可得到乳化体。①将乳化剂和油脂的混合物直接加入水中，形成O/W型乳化体；②将乳化剂溶于油中，将水相加入油脂混合物中，开始时形成W/O型乳化体，当加入多量的水后，黏度突然下降，转相变型为O/W型乳化体。这种方法所得乳化体颗粒均匀，其平均直径约为0.5μm，因此常用此法。

（3）乳化剂分别溶解的方法：将水溶性乳化剂溶于水中，油溶性乳化剂溶于油中，再把水相加入油相中，开始形成W/O型乳化体，当加入多量的水后，黏度突然下降，转相变型为O/W型乳化体系。如果做成W/O型乳化体，先将油相加入水相生成O/W型乳化体，在经转相生成W/O型乳化体。这种方法制得地乳化体颗粒也较细，因此常采用此法。

（4）初生皂法：用皂类稳定的O/W型或W/O型乳化体都可以用这个方法来制备，将脂肪酸类溶于油中，碱类溶于水中，加热后混合并搅拌，两相在接触界面上发生中和反应生成肥皂，起乳化作用。这种方法能得到稳定的乳化体，如硬脂酸钾皂制成的雪花膏，硬脂酸胺皂制成的膏霜、奶液等。

（5）交替加液的方法：先加入乳化剂，然后边搅拌边少量交替加入油相和水相。这种方法对于乳化植物油脂较适宜，在食品工业中应用较多，在化妆品生产中此法很少应用。

以上几种方法中，第一种方法制得的乳化体较为粗糙，颗粒大小不均匀，也不稳定；第（2）、第（3）、第（4）种方法是化妆品生产中常采用的方法，其中第（2）、第（3）种方法制得的产品一般颗粒较细，较均匀，也比较稳定，应用最多。

（三）转相法

转相法就是由O/W（或W/O）型转变成W/O（或O/W）型的方法。在化妆品乳化体制备过程中，利用转相法可以制得稳定且颗粒均匀的制品。

（1）增加外相的转相法：当需制备一个O/W型的乳化体时，可以将水相慢慢加入油相中，开始时由于水相量少，体系容易形成W/O型乳液。随着水相的不断加入，使得油相无法将水相包住，只能发生转型，形成O/W型乳化体。当然这种情况必须在合适的乳化剂条件下才能进行，在转相发生时，一般乳化体表现为黏度明显下降，界面张力急剧下降，因而容易得到稳定、颗粒分布均匀且较细的乳化体。

（2）降低温度的转相法：对于非离子表面活性剂稳定的O/W型乳液，在某一温度点，内相和外相将互相转化，变型为W/O乳化体。这一温度叫做转相温度。由于非离子表面活性剂往往具有浊点的特性，在高于浊点温度时，使非离子表面活性剂与水分子之间的氢键断裂，导致表面活性剂的HLB值下降，即亲水力变弱，从而形成W/O型乳液；当温度低于浊点时，亲水性加强，从而形成O/W型乳液。利用这一点可完成转相。一般选择浊点为

50～60℃的非离子表面活性剂作为乳化剂,将其加入油相中,然后和水相在80℃左右混合,这时形成W/O型乳液。随着搅拌的进行乳化体系降温,当温度降至浊点以下时,发生转相乳液变成了O/W型。当温度在转相温度附近时,原来的油水相界面张力下降,也就是说乳化时外界需要对其做功减少,所以即使不进行强烈的搅拌,乳液的粒径也比较小。

（3）加入阴离子表面活性剂的转相法:在非离子表面活性剂的体系中,若加入少量的阴离子表面活性剂,将极大地提高乳化体系的浊点。利用这一点可以将浊点在50～60℃的非离子表面活性剂加入油相中,然后和水相在80℃左右混合,这时易形成W/O型的乳液,若此时加入少量阴离子表面活性剂,并加强搅拌,体系将发生转相变成O/W型乳液。

在制备乳液类化妆品的过程中,往往这3种转相法会同时发生。例如,在水相加入十二烷基硫酸钠,油相中加入十八醇聚氧乙烯醚（10）的非离子表面活性剂,油相温度在80～90℃,水相温度在60℃左右。当将水相慢慢加入油相中时,体系中开始时水相量少,阴离子表面活性剂浓度较低并且体系温度较高,于是形成了W/O型乳液。随着水相的不断加入,水量增大,阴离子表面活性剂浓度也增大且体系温度较低,因此发生转相形成O/W型乳液,由此可见,这是诸因素共同作用的结果。

值得注意的是,在制备O/W型化妆品时,往往水含量为70%～80%,水油相如快速混合,一开始温度高时虽然会形成W/O型乳液,但这时如停止搅拌观察的话,会发现往往得到一个分层的体系,上层是W/O的乳液,油相也大部分在上层,而下层是O/W型的。这是因为水相量太大而油相量太小,在一般情况下无法使过少的油成为连续相而包住水相,另一方面这时的乳化剂性质又不利于生成O/W型乳液,因此体系便采取了折中的办法。

（四）低能乳化法

在通常制造化妆品乳化体的过程中,先要将油相、水相分别加热至75～95℃,然后混合搅拌,冷却,而且冷却水带走的热量是不加利用的,因此在制造乳化体的过程中,能量的消耗是较大的。如果采用低能乳化,有时可节能50%。

低能乳化法在间歇操作中一般分2步进行。第1步先将部分水相（B相）和全部油相分别加热到所需温度,将受热的水相加入油相中,进行均质、乳化形成W/O型乳化体,随着水相的继续加入,逐渐转变成为O/W型浓缩乳化体。第2步将上述未受热的剩余去离子水（A相）缓慢加入上述浓缩乳化体中,并不断搅拌,此时乳化体的温度下降得很快,当B相加完之后,乳化体的温度可下降到50～60℃。

这种低能乳化法主要适用于制备O/W型乳化体,其中A相和B相的比率要经过实验来决定,它和各种配方要求及制成的乳化体的稠度有关。在乳化过程中,如果选用乳化剂的HLB值较高或者要求乳状液的稠度较低时,则可将B相压缩到较低值。

低能乳化法的优点:①A相的水不用加热、节约了这部分热能;②在乳化过程中,基本上不用冷却水强制回流冷却,节约了冷却水循环所需要的功能;③由75～95℃冷却到50～60℃通常要占去整个操作过程时间的一半,采用低能乳化大大节省了冷却时间,加快了生产周期。节约了整个制作过程总时间的1/3～1/2;④由于操作时间短,提高了设备利用率;⑤低能乳化法和其他方法所制成的乳化体的质量没多大差别。

乳化过程中应注意几个问题:

（1）B相的温度,不但影响浓缩乳化体的黏度,而且涉及转相,当B相水的用量较少时,一般温度应适当高一些;

（2）均质机搅拌的速率会影响乳化体颗粒大小的分布,最好使用超声设备、均化器或胶体磨等高效乳化设备；

（3）A相水和B相水的比率一定要选择适当，一般地，低黏度的浓缩乳化体会使下一步A相水的加入容易进行。

（五）搅拌条件

乳化时搅拌越强烈，乳化剂的用量可以越低。但乳化体颗粒大小与搅拌强度和乳化剂用量均有关系，过分的强搅拌对降低颗粒大小并不一定有效，而且易将空气混入。在采用中等搅拌强度时运用转相办法可以得到细的颗粒，采用桨式或旋桨搅拌时，应注意尽量避免空气搅入乳化体中。

（六）混合速度

分散相加入的速度和机械搅拌的快慢对乳化效果十分重要，可以形成内相被完全分散的良好乳化体系，也可以形成分散得不怎么充分的乳化体系，后者主要是内相加得太快和搅拌效力差所造成。乳化操作条件影响乳化体的稠度、黏度和乳化稳定性。研究表明，在制备O/W型乳化体时，最好的方法是在激烈的持续搅拌下将水相加入油相中，且高温混合相比低温混合要好。在制备W/O型乳化体时，建议在不断搅拌下，将水相慢慢地加入到油相中去，可制得内相粒子均匀、稳定性和光泽性好的乳化体。对内相浓度较高的乳化体系，内相加入的流速应该比内相浓度较低的乳化体系为慢。采用高效的乳化设备较搅拌差的设备在乳化时流速可以快一些。但必须指出的是，由于化妆品组成的复杂性，配方与配方之间有时差异很大，对于任何一个配方，都应进行加料速度试验，以求最佳的混合速度，制得稳定的乳化体。

（七）温度控制

制备乳化体时，除了控制搅拌条件外，还要控制温度，包括乳化时与乳化后的温度。

由于温度对乳化剂溶解性和固态油脂、蜡的熔化等的影响，乳化时温度控制对乳化效果的影响很大。如果温度太低，乳化剂溶解度低，且固态油脂、蜡未熔化，乳化效果差；温度太高，加热时间长，冷却时间也长，浪费能源，延长生产周期。一般常使油相温度控制高于其熔点10~15℃，而水相温度则稍高于油相温度。通常膏霜类在75~95℃条件下进行乳化。

最好水相加热至90~100℃，维持20min灭菌，然后再冷却到70~80℃进行乳化。在制备W/O型乳化体时，水相温度高一些，此时水相体积较大，水相分散形成乳化体后，随着温度的降低，水珠体积变小，有利于形成均匀、细小的颗粒。如果水相温度低于油相温度，两相混合后可能使油相固化（油相熔点较高时），影响乳化效果。

冷却速度的影响也很大，通常较快的冷却能够获得较细的颗粒。当温度较高时，由于布朗运动比较强烈，小的颗粒会发生相互碰撞而合并成较大的颗粒；反之，当乳化操作结束后，对膏体立刻进行快速冷却，从而使小的颗粒"冻结"，这样小的颗粒的碰撞、合并作用减弱，但由于冷却速度太快，高熔点的蜡就会产生结晶析出，导致乳化体受到破坏，产品出现粗颗粒，因此冷却的速度最好通过试验来决定。

（八）香精和防腐剂的加入

（1）香精的加入：香精是易挥发性物质，并且其组成十分复杂，在温度较高时，不但容易损失掉，而且会发生一些化学反应，使香味变化，也可能引起颜色变深。因此一般化妆品中香精的加入都是在后期进行。对乳液类化妆品，一般待乳化已经完成并冷却至 50～60℃时加入香精。如在真空乳化锅中加入香精，这时不应开启真空泵，而只维持原来的真空度即可，吸入香精后搅拌均匀。对敞口的乳化锅而言，由于温度高，香精易挥发损失，因此加香温度要控制低些，但温度过低使香精不易分布均匀。

（2）防腐剂的加入：乳液类化妆品含有水相、油相和表面活性剂，而常用的防腐剂往往是油溶性的，在水中溶解度较低，所以大部分的生产工艺常把防腐剂先加入油相，这样会造成防腐剂在油相中的分配浓度较大，而水相中的浓度却较小。尤其对于以非离子表面活性剂作为乳化剂的体系，由于非离子表面活性剂易形成胶束，该胶束可增溶油相中的防腐剂，导致防腐剂失去防腐作用，因此加入防腐剂的最好时机是待油水相混合乳化完毕后（O/W）加入，这时可获得水中最大的防腐剂浓度，当然温度不能过低，否则会造成防腐剂的分布不均匀，造成防腐效果较差。而对于有些固体状的防腐剂最好先用溶剂溶解后再加入，如尼泊金酯类就可先用温热的乙醇溶解，这样加到乳液中能保证分布均匀。

（九）黏度的调节

影响乳化体黏度的主要因素是连续相的黏度，因此乳化体的黏度可以通过增加外相的黏度来调节。对于 O/W 型乳化体，可加入合成的或天然的高分子增稠剂来增稠。对于 W/O 型乳化体，加入多价金属皂和高熔点的蜡到油相中可增加体系黏度。

第二节　水剂类化妆品的生产

水剂类化妆品主要有香水，化妆水类制品，主要是以乙醇溶液为基质的透明液体，此类产品必须保持透明，香气纯净无杂味，即使在低温也不能产生混浊和沉淀。因此，对这类产品所用的原料、包装容器和设备的要求很高。尤其是香水用乙醇，不允许含有微量不纯物，否则严重损害香水的香味。所用色素必须耐光，稳定性好，不会变色。

香水的香型大致分为：清香型、草香型、花香型、醛香型、粉香型、苔香型、素馨兰型、果香型、东方型、烟草皮革香型、馥奇香型等。

制备香水类化妆品用的水应采用新鲜的蒸馏水或去离子水。水中不允许含有微生物，否则会产生令人不愉快的气味，损害香水类化妆品的香气。生产设备、管道、容器应避免使用铁和铜材，而应采用不锈钢制品。

本节主要介绍香水类化妆品和化妆水的生产技术。

一、香水类化妆品的生产

香水是通过天然香料和合成香料溶于乙醇的溶液，再加入适量的防腐剂、色素等。制备好的香水要经过至少 1～3 个月的低温陈化，陈化期若有一些不溶性物质沉淀出来，应过滤除去，确保香水透明、澄清。在陈化期中，香水的香气渐渐由粗糙转变为醇和、芳馥。如果香精调配不当，可能会产生不够理想的变化，这需要 6 个月至 1 年的时间，才能达到陈化的效果。

乙醇对香水、古龙水、花露水等影响很大，一般香水、古龙水、花露水都用 95%乙醇。香水用乙醇要经过精制，其方法如下。

（1）在乙醇中加入 1%氢氧化钠（也用硝酸银等）回流数小时后，再经多次分馏，收集其气味最纯正的部分来制备香水。

（2）在 1L 乙醇中加入 0.01～0.05g 高锰酸钾粉末，充分搅拌溶化，放置 24h，原呈紫色的溶液渐渐产生褐色（二氧化锰）沉淀，成为无色澄清液。过滤后，加入微量碳酸钙蒸馏，取用中间 80%的馏分。

（3）在乙醇中约加 1%活性炭，常常搅拌，放置数日后，过滤待用。

配制香水所用的乙醇，除了上述方法脱臭外，还要在乙醇中预先加入少量香料，再经过较长时间的陈化。所用香料，如秘鲁香脂、吐鲁香脂、安息香树脂等。加入量约为 0.1%，赖百当浸膏、橡苔浸膏、鸢尾草根油、防风根油等，加入量约为 0.05%。高级香水常采用加入天然香料，经过陈化的乙醇来配制。

一般用的保香剂具有沸点高、相对分子质量大的特点。香料挥发快慢对香水品质很重要。挥发快的香料要设法使其香气挥发速度减慢，使各种香料以接近的速度挥发，因此要用保香剂，如洋茉莉醛、香荚兰素、邻苯二甲酸二乙酯、苯甲酸苄酯。植物性保香剂，如秘鲁香脂、吐鲁香脂、安息香、苏合香乳、香草油、岩兰草油、鸢尾油等。动物性保香剂，如麝香、灵猫香、海狸香、龙涎香等酊剂。合成保香剂，如酮麝香、二甲苯麝香、苯甲酸苄酯等。

古龙水含有乙醇、去离子水、香精和微量色素等。香精用量一般为 3%～8%，香气不如香水浓郁。古龙水的生产过程和香水基本一致。古龙水的香精中通常含有香柠檬油、柠檬油、薰衣草油、橙叶油等。古龙水的乙醇含量为 75%～80%。传统的古龙水香型是柑橘型的；香精用量 1%～3%，乙醇含量 65%～75%；其他香型可根据具体情况而定。

花露水制作方法和制造原理与香水、古龙水相似。花露水以乙醇、香精、蒸馏水（或去离子水）为主体，辅以少量螯合剂，抗氧剂如二叔丁基对甲酚 0.02%（防止香精被氧化），以蓝、绿、黄等颜色为宜。香精用量一般为 2%～5%，乙醇浓度为 70%～75%，通常以清香的薰衣草香型为主体。

香水、古龙水和花露水所用的水质，要求采用新鲜蒸馏水或经灭菌的去离子水，不允许有微生物存在。水中的微生物虽然会被加入的乙醇杀灭而沉淀，但是有机物对芳香物质的香气有影响。如果含有铁或铜，则对不饱和芳香物质发生诱导氧化作用。因此，需加入柠檬酸钠或 EDTA 等螯合剂。装瓶时，应在瓶颈处空出 5%～8%的容积，预防储藏期间瓶内溶液受热膨胀而破裂，装瓶时宜在室温下操作。

香水、古龙水和花露水等产品质量必须一直保持澄清透明，色调及香气稳定。在制造后不久或经过一时间陈化后，观察并测定产品外观透明度（浊度）；用比重计测定其相对密度；用物理方法或化学方法测定乙醇含量；并进行评香等。

二、化妆水类化妆品的生产

化妆水生产前的准备工作与香水相同。先在精制水中溶解甘油、丙二醇、聚乙二醇(400)为代表性的保湿剂及其他水溶性成分。另在乙醇中溶解防腐剂、香料、作为增溶剂的表面活性剂及其他醇溶性成分。将醇体系与水体系混合，增溶溶解，然后加染料着色，过滤，以除去灰尘、不溶物质，即得澄清化妆水。对香料、油分等被增溶物较多的化妆水，用不影响成分的助滤剂，可完全除去不溶物质，较常用的化妆水有润肤化妆水、收敛性美容水、柔软性化妆水等。

1. 润肤化妆水 兼有去垢作用和柔软作用，去垢剂的主要成分是非离子表面活性剂、两性表面活性剂，添加甘油、丙二醇、低分子聚乙二醇等保湿剂，以助去垢并吸收空气中的水分，使皮肤柔软。

2. 收敛性化妆水 是用于减少皮肤的过量油分，使毛孔收缩，防止皮肤粗糙而使用的化妆水。适用于多油型皮肤，也可用于非油性皮肤化妆前的修饰。通常是晚上就寝前，早上化妆前和剃须后使用，起绷紧皮肤、收缩毛孔和调节皮肤的新陈代谢作用，用后有清凉舒适感。

收敛性化妆水分为化学收敛作用型和物理收敛作用型，前者是收敛剂，作用于蛋白质，使之凝固，起收敛功效；后者的收敛功效是由物理作用引起，如皮肤遇冷或液体而收敛的现象即为物理收敛作用。化学收敛剂又分为阳离子型和阴离子型两类。阳离子型收敛剂有明矾、硫酸铝、氯化铝、硫酸锌等，其中以铝盐的收敛作用最强。阴离子收敛剂有柠檬酸、硼酸、乳酸等，一般常用的为柠檬酸。为避免收敛剂对皮肤过分刺激，在生产中常添加非离子表面活性剂，降低产品刺激性，提高使用效果。

3. 柔软性化妆水 给予皮肤适度的水分和油分，使皮肤柔软，保持光滑湿润的透明化妆水。添加成分甚多，用作保湿剂的有甘油、一缩二甘油、丙二醇、缩水二丙二醇、丁二醇、聚乙二醇类（200、400、1000、1500 等）等多元醇及山梨糖醇、木糖醇等；使用的胶质有天然的植物性胶质，如黄蓍胶、纤维素及其衍生物，合成的胶质有聚丙烯酸酯类、聚乙烯吡咯烷酮、聚乙烯醇等。与天然胶质相比，合成胶质应用广泛。天然胶质在安全性方面有一定的优势，但往往含有杂质，纯度不够，所以在生产中多以合成胶质为好。胶质溶液一般易受微生物污染，配方中必须有适当的防腐剂。因金属离子会使胶质溶液的黏度起很大变化，配制胶质必须用去离子水，应绝对避免从容器、搅拌器等混入金属离子。

第三节　粉类化妆品的生产

粉类化妆品是用于面部的美容化妆品，其作用在于使极细颗粒的粉质涂敷于面部，以遮盖皮肤上某些缺陷，要求近乎自然的肤色和良好的质感。粉类制品应有良好的滑爽性、黏附性、吸收性和遮盖力，其香气应芳馥醇和而不浓郁，以免掩盖香水的香味。根据使用上的要求，粉类制品应有以下几个特性。

1. 滑爽性 粉类原料常有结团、结块的倾向，当香粉敷施于面部时易发生阻曳现象，因此必须具有滑爽性，使香粉保持流动性。粉类制品的滑爽性是依靠滑石粉的作用实现的。滑石粉的种类很多，有的色泽柔软而滑爽，有的粗糙而较硬。对滑石粉等主要原料的品质做谨慎的选择是制造粉类制品成功的要诀。适用于粉类制品的滑石粉，颗粒必须具有平滑的表面，使颗粒之间的摩擦力很小。优质滑石粉能赋予香粉一种特殊的半透明性，能均匀地黏附在皮肤上。

2. 黏附性 粉类制品最忌在涂敷后脱落，因此要求能黏附在皮肤上，硬脂酸镁、锌和铝盐在皮肤上有很好黏附性，能增加香粉在皮肤上的附着力。此种硬脂酸金属盐或棕榈酸金属盐常作为香粉的黏附剂，这种金属盐的相对密度小、色白、无臭，粉类制品中常采用硬脂酸镁或锌盐，硬脂酸铝盐比较粗糙，硬脂酸钙盐则缺少滑爽性。十一烯酸锌也有很好的黏附性，但成本较高。硬脂酸的金属盐类是质轻的白色细粉，加入粉类制品就包裹在其他粉粒外面，使香粉不易透水，黏附剂的用量随配方的需要而决定，一般为5%~15%。

3. 吸收性 是指对香料的吸收，也是指对油脂和水分的吸收。粉类制品一般以沉淀碳酸钙、碳酸镁、胶性陶土、淀粉或硅藻土等作为香精的吸收剂。碳酸钙所具有的吸收性是因为颗粒有许多气孔的缘故，它是一种白色无光泽的细粉，所以它和胶性陶土一样有消除滑石粉闪光的功效。碳酸钙的缺点是它在水中呈碱性反应，如果在粉类制品中用量过多，热天敷用，吸汗后会在皮肤上形成条纹，因此，粉类产品中碳酸钙的用量不宜过多，用量一般不超过 15%。

4. 遮盖力　粉类制品一般带有色泽，接近皮肤的颜色，能遮盖黄褐斑或小疵。常用的白色颜料有氧化锌、二氧化钛，遮盖力是以单位质量的遮盖剂所能遮盖的黑色表面来表示。例如，1kg 二氧化钛约可遮盖黑色表面 $12m^2$。

配方中采用 15%～25%的氧化锌，可使粉类制品具有足够的遮盖力，而对皮肤不致太干燥，如果要求更好的遮盖力，可以采用氧化锌和二氧化钛。

一、香粉的生产

制造香粉的方法主要有混合、磨细和过筛。

（1）混合：目的是将各种原料用机械进行均匀地混合，混合香粉用机械主要有 4 种，即卧式混合机、球磨机、V 型混合机和高速混合机。

高速混合机是近几年采用的高效率混合机，整个香粉搅拌混合时间约 5min，搅拌转速达 1000～1500r/min。高速混合机有夹套装置，可通冷却水进行冷却。

（2）磨细：目的是将香粉再度粉碎，使得加入的颜料分布得更加均匀，显出应有的色泽，不同的磨细程度，香粉的色泽也略呈不同，磨细机主要有 3 种，即球磨机、气流磨、超微粉碎机。

（3）过筛：通过球磨机混合、磨细的粉料要通过卧式筛粉机，其形状和卧式混合机相同，转轴装有刷子，筛粉机下部有筛子，刷子将粉料通过筛子落入底部密封的木箱，将粗颗粒分开，如果采用气流磨或超微粉碎机，在经过旋风分离器得到的粉料，则不一定再进行过筛。

（4）加香精：一般是将香精预先加入部分的碳酸钙或碳酸镁中，搅拌均匀后加入 V 型球磨机中混合，如果采用气流磨或超微粉碎机，为了避免油脂物质的黏附，提高磨细效率，同时避免粉料升温后对香精的影响，应采用将碳酸钙和香精混合加入磨细后再经旋风分离器的粉料中，再进行混合的方法。

二、粉饼的生产

香粉、粉饼和爽身粉的制造设备类同，要经过混合、磨细和过筛，为了使粉饼压制成形，必须加入胶质、羊毛脂、白油，以加强粉质的胶合性能，或用加脂香粉压制成形，因加脂香粉基料有很好的黏合性能。

1. 溶解胶粉　单纯依靠香粉中各种粉料的胶合性是不够的，为了使香粉有足够的胶合性，最普通的一种方法是加入一些水溶性胶质，不论是天然或合成的胶质，如黄蓍胶粉、阿拉伯树胶、羧甲基纤维素、羟乙基纤维素、羧基聚亚甲基胶粉，使用这些胶质是先溶化在含有少量吸收剂的水溶液中，如甘油、丙二醇、山梨醇或葡萄糖的水溶液，同时加入一些防腐剂，乳化的脂肪混合物也可和胶水混合在一起加入香粉中，胶质的用量必须按香粉的组分和胶质的性质而定。

用烧杯或不锈钢容器称量胶粉，加入去离子水或蒸馏水搅拌均匀，加热至90℃，加入苯用酸钠或其他防腐剂，在90℃保持20min灭菌，用沸水补充蒸发的水分后备用。

所用羊毛脂、白油等油脂必须事先熔化，加入少量抗氧化剂，用尼龙布过滤，备用。

2. **混合**　按配方称取滑石粉、陶土粉、玉米粉、二氧化钛、硬脂酸锌、云母粉、颜料等，在球磨机中混合，磨细2h，粉料与石球的比是1∶1，球磨机转速是50～55r/min。加羊毛脂和白油混合2h，再加香精继续混合2h后加入胶水混合15min。在球磨机混合过程中，要经常取样检验是否混合均匀，色泽是否与标准样相同。

混合好的粉料加入超微粉碎机中进行磨细，超微粉碎后的粉料在灭菌器内用环氧乙烷灭菌，将粉料装入清洁的桶内，用桶盖盖好，防止水分挥发，并检查粉料是否有未粉碎的颜料色点、二氧化钛白色点或灰尘杂质的黑色点。

3. **压制粉饼**　在压制粉饼前，粉料要先过60目的筛，并做好压制饼的检查工作，运转情况是否正常，是否有严重漏油现象，所用木盘（放置粉饼）必须保持清洁。

按规定重量的粉料加入模具内压制，压制时要做到平、稳，不求过快，防止漏粉，压碎，根据配方适当调节压力。粉饼压制所需要的压力大小和压粉机的形式、香粉中的水分和吸湿剂的含量及包装容器的形状等都有关系，若压力太大，制成的粉饼就会太硬，使用时不易擦开。压力太小，制成的粉饼就会太松易碎。压制好的粉饼，须检查不得有缺角、裂缝、毛糙、松紧不匀等现象。

三、胭脂的生产

胭脂是涂于面颊适宜部位，呈现健康和立体美感的化妆品。优良的胭脂质地柔软细腻，涂层性好，色泽均匀。在涂敷粉底后施用胭脂，容易混合协调，遮盖力强，对皮肤无刺激，香味纯正、清淡，易以卸妆。

胭脂有液状、粉状、块状、膏状等。胭脂粉和胭脂块的原料与香粉大致相同，不含表面活性剂。膏状胭脂分为油膏型和乳化霜膏型。油膏型胭脂主要是用油脂、蜡和颜料及粉类制成。霜膏型胭脂是用油、脂、蜡、颜料、表面活性剂和水制成的乳化体。霜膏型胭脂按使用原料又分为雪花膏型和冷霜型。胭脂水分悬浮体和乳化体两种，都是使用表面活性剂做分散剂和乳化剂。

1. **混合磨细**　是胭脂制造操作重要的环节之一。粉类磨得越细腻，颜色越明显。混合磨细是使白色粉料和红色粉料混合均匀，使其颜色保持均匀一致。常用设备为球磨机，球磨机主要有金属制和瓷器制的。为了防止金属对胭脂中某些成分的影响，采用瓷制的球磨机较为安全。

2. **加胶合剂、香精、过筛**　粉料和颜料混合磨细后，然后加入胶合剂，加胶合剂可在球磨机内进行，间歇用棒翻搅桶壁。由于粉料受到沉重的石球滚压，会把部分受潮粉料黏附在桶壁上，因此，应时时翻搅黏附在桶壁的粉料。最后将混合磨细的粉料放入卧式搅拌机里进行搅拌。加入香精按压制方法决定，一般分为湿压和干压两种。湿压法是胶合剂和香精同时加入。干压法是将潮湿的粉料烘干后再混入香精。胶合剂的用量应适量，用量过少，黏合力差，容易碎裂。用量过多，胭脂表面坚硬难以擦涂。加入胶合剂、香精后即可过筛，过筛次数能够连续两次或以上，这样对粉料的细腻度，颜料的均匀度和最后压制的胭脂质量才有保障。

3. **压制胭脂**　是将经过筛后粉料放入胭脂底盘上，用模子加压，制成粉块。压制胭脂的设备有手扳式和脚踏式等，手扳式压机大多用轧硬印机改制，其精小便利而常被采用。

第四节　美容类化妆品的生产

一、唇膏的生产

唇膏是美容化妆的核心，它不仅可以修饰嘴部轮廓，使之妩媚动人，并可以调整肤色，改善人的精神面貌。

唇膏的生产是利用蓖麻油等溶剂溶解溴酸红色素，以得到良好的显色效果，并配以其他颜料，混合于油脂、蜡中，经三辊机研磨及真空脱泡锅中搅拌、脱除空气泡，得以充分混合制成细腻致密的膏体。浇模成形，再经过文火煨烘，制成表面光洁、细致的唇膏。

唇膏的色调极其丰富多彩，既有不透明的橙色、桃红、朱红、玫瑰、绛红、赭色等遮盖力较强的唇膏，又有用油溶性染料制得的遮盖力较差的唇膏，更有不加色素的防裂唇膏和只有加溴酸红的变色唇膏，均按配方不同而变化，生产工艺上大致相同。

1. **制备色浆**　在颜料混合机内加入颜料、蓖麻油或其他溶剂，加热至 70～80℃，充分搅拌匀后送至三辊机研磨。为尽量使聚结成团的颜料碾碎，需反复研磨数次，然后置于真空脱泡锅进行脱泡处理。

2. **原料熔化**　将油、脂、蜡加入原料熔化锅，加热至 85℃左右，熔化后充分搅拌均匀，经过滤放入真空脱泡锅。

3. **真空脱泡**　在真空脱泡锅内，唇膏基质和色浆经搅拌充分混合，应避免剧烈搅拌，及时脱去经三辊机研磨后产生的气泡。否则浇成唇膏表面会带有气孔，影响外观质量。脱气搅匀完毕后放入慢速充填机。

4. **保温浇铸**　目的在于使浇铸时颜料均匀分散，故搅拌桨应尽可能靠近锅底，一般采用锚式搅拌桨，以防止颜料下沉。同时搅拌速度要慢，以免混入空气。控制浇铸温度很重要，一般控制在高于唇膏熔点 10℃时浇铸。浇铸唇膏的模子可以用铝或青铜制成。待物料浇入模子稍冷后，刮去模子口多余的膏料，置冰箱中继续冷却。也可将模子直接放在冷冻板上冷却，冷冻板底下由冷冻机直接制冷。

5. **加工包装**　从冰箱中取出模子，开模取出已定形的唇膏。

二、眼部化妆品的生产

（一）眉笔

眉笔主要采用油、脂、蜡和颜料配成。目前较流行的眉笔有两种类型：铅笔式和推管式。铅笔式眉笔的笔芯像铅笔芯，将全部油、脂、蜡放在一起溶化后，加颜料，搅拌均匀后倒入浅盘内冷却，待凝固后切成片，经三辊机研磨数次后，放入压条机内压注出来做成笔芯。推管式眉笔的笔芯是将颜料和部分油、脂、蜡混合，在三辊机里研磨均匀成为颜料浆，再将其余全部油、脂、蜡放入锅内加热熔化，再加入颜料浆搅拌均匀后，在热的情况下浇入模子里制成笔芯。

（二）睫毛膏

睫毛油或膏是染睫毛的化妆品，经涂染的睫毛看起来长而美。膏霜型的睫毛膏是将油脂、蜡与水通过乳化剂及搅拌作用成为乳剂，在搅拌下加入颜料经胶体磨研磨即得所需睫毛膏，装入管子后即可完成。

（三）眼线液

眼线是用以描绘于睫毛边缘处，加深眼睛的印象，增加魅力的眼部化妆品，主要是树脂乳液，其中含有油脂、酯和颜料；也有粉块状的，是由颜料、油或高分子化合物和黏合剂压制成形的。

三、指甲油的生产

指甲油的主要成分有薄膜形成剂、树脂、增塑剂和溶剂。制造指甲油的一般方法是将硝化纤维为本料，配上丙酮、乙酸乙酯、乳酸乙酯、邻苯二甲酸酯类等化学溶剂制成并配以三聚氰胺树脂、樟脑粉和颜料，搅拌均匀后通过双滚筒研磨机研磨。

本章思考题

1. 试以常用乳化体为例，简要说明乳化体的生产工艺流程及其关键技术。
2. 试说明水剂类化妆品生产工艺流程及其关键技术。
3. 简要说明粉类化妆品生产工艺流程及其关键技术。

第三章
化妆品生产的主要设备

一般而言，化妆品制品是按照一定的配方或比例通过采用物理混合或油、水乳化分散等不涉及化学反应的过程所制成。目前，化妆品的生产大多采用间歇式操作，即每次操作生产前往设备内投入一定量的物料，然后经过若干单元操作处理，出料后再重新投入新的物料进行下一批产品的生产。化妆品生产过程中涉及的单元操作主要有粉碎、研磨、混合、乳化、分散、分离、加热和冷却、物料输送、灭菌和消毒、产品的包装等。化妆品生产设备大体可分为配制设备和灌装包装设备两大类。而产品的配制设备性能对产品的使用效果和性能甚为重要。各种化妆品生产设备过程中混合、分散和乳化等单元操作设备是最常见的。根据化妆品的分类，化妆品配制生产设备可细分为液体类产品生产设备、粉体类制品生产设备、膏霜类化妆品生产设备等。下文将逐一介绍化妆品配制常用的设备，包括搅拌器、均质机、乳化设备、研磨设备、筛分设备等，另外简单介绍化妆品产品和设备的消毒灭菌常用方法。

第一节　去离子水的生产装置

水是化妆品配方中最主要而且使用量较大的组分，其质量指标将直接影响着化妆品的品质。在化妆品配方中，水除了起着溶解作用外，它也是一种重要的润肤物质。但是，化妆品生产时不能直接使用城市自来水、井水或矿泉水，因为这些水中往往含有大量的离子、离子团、菌种或其他杂质等，进而导致产品变色，变稀甚至分层，严重影响化妆品的产品质量和使用效果。因此，化妆品生产用水必须要经过系统的纯化处理。纯化水生产通常是以生活饮用水为水源，来源质量比较稳定，适合于化妆品的生产工艺要求。纯化水在微生物指标上与生活饮用水一致，但在离子等化学指标上要优于饮用水的指标。

根据化妆品生产用水的特殊要求，去离子水设备根据不同的工艺，其原理不尽相同。常用的大致有四种：离子交换法、反渗透法、电去离子技术及其组合法等。目前，反渗透法结合离子交换法是化妆品行业生产纯化水的最主要，最常用方法，其工艺流程如图 3-1 所示。在生产化妆品时，企业会根据不同化妆品对水质的要求而生产相应品质的去离子水（deionized water，DI water）。

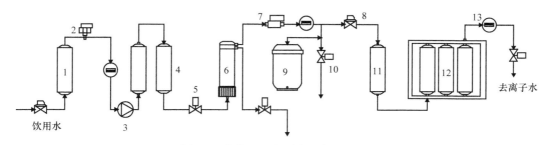

图 3-1　化妆品去离子水生产流程图

1. PP 滤芯；2. 低压开关；3. 增压泵；4. 活性炭滤芯；5. 进水电磁阀；6. RO 膜组件；7. 高压开关；8. 分离阀；9. 压力容器；
10. RO 出水阀门；11. 活性碳滤芯；12. 去离子纯化柱；13. 电阻电极

一、离子交换法

在离子交换法中，离子交换树脂是离子交换过程中最主要的材料介质。它是一种带有本体和交换基团的三维网状结构的有机高分子聚合物，其外形一般为颗粒状。通常由三维空间结构的网络骨架、骨架上可离子化的功能基团和基团上吸附的可交换离子这三部分组成，如图 3-2 所示。根据交换基团类型的不同，可以把离子交换树脂分为阳离子交换树脂和阴离子交换树脂。

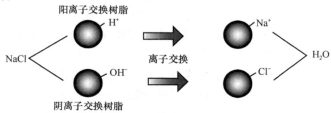

图 3-2　离子交换原理图

二、反渗透法

反渗透去离子法是指在施加足够的压力下（$5\sim20\text{kgf/cm}^{2①}$）使浓溶液中的溶剂（一般为水）通过反渗透膜（或称半透膜）向稀溶液流动，将溶剂分离出来，如图 3-3 所示。因为这种过程和自然渗透的过程的方向相反，故称反渗透。反渗透膜能截留大于 $10^{-4}\mu\text{m}$ 的物质。利用反渗透技术可以有效地去除水中的溶解盐、胶体、细菌、病毒和大部分有机物等杂质，如图 3-4 所示。

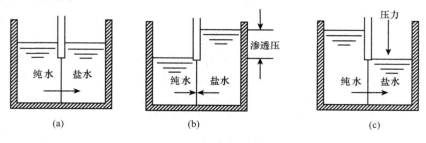

图 3-3　反渗透原理图

（a）渗透；（b）渗透平衡；（c）反渗透

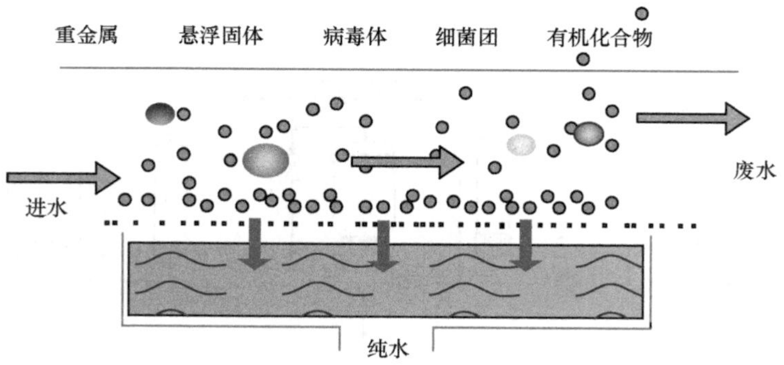

图 3-4　RO 膜反渗透制纯水原理示意图

----

①$1\text{kgf/cm}^2=10^5\text{Pa}$

三、电去离子技术

电去离子技术（electro-deionization，EDI）是 20 世纪 90 年代发展起来的一种新型超纯水制备技术。该技术是把电渗析技术和离子交换技术结合起来，在电渗析器的隔膜之间填充离子交换树脂。通过电场和离子膜，离子的选择透过性及离子交换树脂对水中离子的交换作用下，水中离子出现定向移动，以达到生产高纯水的目的，原理如图 3-5 所示。EDI 制水过程具有技术先进、结构紧凑、操作简便的优点，可应用于化妆品生产及实验室去离子水的制备。

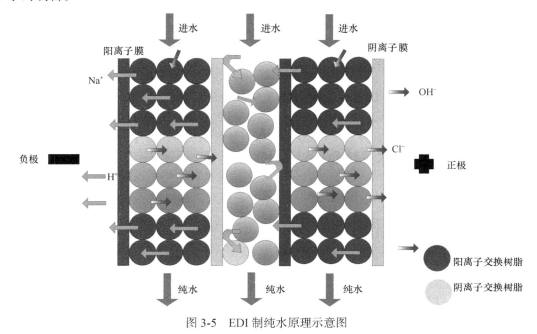

图 3-5　EDI 制纯水原理示意图

第二节　液体类产品主要生产设备

日常生活中，我们所接触的化妆品大多都是液体状产品（如洗发水、沐浴露、啫喱、乳液及膏霜等）。此类液体产品大多属于非牛顿型流体，如牙膏、啫喱、膏霜类产品等，而且这类产品在生产过程中涉及的原料种类较多，有固体、液体或浆料，分散与乳化的效率对产品质量的影响很大，因此加工这类产品时工艺及设备显得非常重要。生产液体类化妆品常用的设备有搅拌类设备及均质类设备。

一、搅拌器

生产液体类产品的其中一种重要的设备为搅拌釜，而搅拌器的结构和搅拌方式影响着物料的分散与乳化性能，因而是搅拌釜的主要元件。按照搅拌速度的分类，搅拌器可分为高速和低速两大类。高速搅拌器是指在湍流状态下搅拌液态介质的搅拌器，适用于低黏度液体的搅拌，比如叶片式、螺旋桨式和涡轮式搅拌器。低速搅拌器是指在滞流状态下工作的搅拌器，适用于高黏度流体和非牛顿型流体的搅拌，比如锚式、框式和螺旋式搅拌器。化妆品实验室小试中常见的搅拌器，如图 3-6 所示。

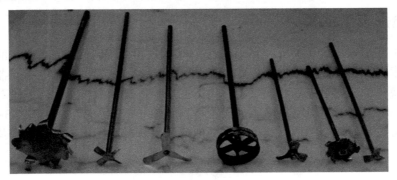

图 3-6   化妆品实验室用各种搅拌器

二、螺旋桨式搅拌器

螺旋桨式搅拌器因与飞机和轮船用的螺旋桨式推进器的形状类似而得名，如图 3-7 所示。其搅拌机制是叶片与旋转平面形成了一定的夹角，这种结构使得螺旋桨搅拌器具有类似于推动流体运动的作用。当桨叶高速转动时，位于搅拌轴中心与底壁附近的液体向下流动，向下运动的流体与容器底壁发生碰撞，使得靠近侧壁面处的流体向上流动，形成剧烈的环流运动，如图 3-8 所示。一般而言，螺旋桨式搅拌器结构比较简单，制造方便，因此适用于实验室的小试生产。根据产品加工工艺的要求，可高速搅拌或低速搅拌。

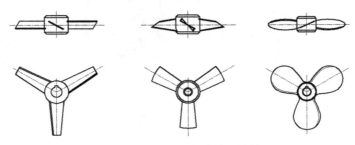

图 3-7   不同形式的螺旋桨式搅拌器

三、涡轮式搅拌器

涡轮式搅拌器是一种能处理较宽黏度范围的液体搅拌器，尤其能处理中等黏度的物料。比起传统的叶片式和螺旋桨式搅拌器具有更高的搅拌效能。涡轮式搅拌器是由水平圆盘和圆盘上的 2～4 片平直或弯曲叶片构成，如图 3-9 所示。

涡轮叶片在高速旋转时会造成强大的径向和切向流动，可使叶片附近的流体瞬间被剪切并形成较小微团漩涡，从而增加流体的混合程度。由于流体的黏性力的作用，在圆盘的上下方形成强大的环流，从而增加乳化与分散的效果，其流动形式如图 3-10 所示。涡轮式搅拌器的结构类似于离心泵上的叶轮。

另一种是加强型的涡轮式搅拌器，在圆盘面加工了一些细微通道，这些通道在圆盘侧面外缘相通。当圆盘以高速旋转时，液体被吸入圆盘面的通道内，然后由于离心力的作用使得液体由圆盘内通道沿切线方向高速抛出，从而造成液体的激烈混合。与螺旋桨式搅拌器相比，涡轮式搅拌器所造成的流体运动路径比较复杂而且出口的绝对速度较大，在搅拌

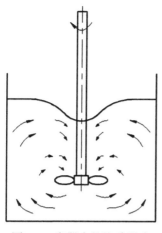

图 3-8　容器内的流动形式

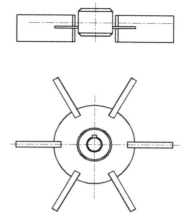

图 3-9　涡轮搅拌器示意图

器外缘转动时能够造成其附近流体形成激烈的旋涡运动和较大的剪切力，可将液体微团分散得更细，提高了生产效率，因此适用于乳浊液、悬浮液化妆品的生产。

四、框式搅拌器

框式搅拌器结构与桨式搅拌器相似，如图 3-11 所示。根据其形状大致可分为锚式、椭圆框式、锥底框式、方框式以及锚框式等。由于搅拌器由水平和竖直桨叶交错固定在一起，形成了一个刚性框式结构，因而结构强度较大，适用于搅动较大量的物料和黏度较大的液体。通常这种类型搅拌器使用时转速较低，因此桨叶产生的径向和切向速度较小，流体被搅动后混合比较缓和，不易卷入空气形成气泡，因而适用于生产洗发露、沐浴露等液洗类产品。流体离开桨叶后由于器壁的阻隔，在容器与桨叶之间形成向上和向下的折流，从而使得周边物料趋于均匀。通过对框式搅拌器结构进行一定的改动后，就演变成为锚式搅拌器，下面介绍锚式搅拌器。

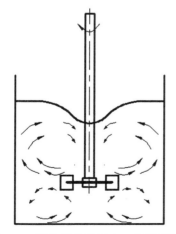

图 3-10　涡轮搅拌器所产生的流动形式

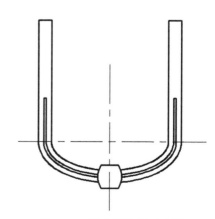

图 3-11　框式搅拌器示意图

五、锚式搅拌器

由于其外形很像轮船上用的锚，因而命名为锚式搅拌器，其结构如图 3-12 所示。锚式

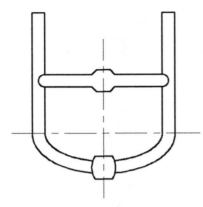

图 3-12　锚式搅拌器示意图

搅拌器的总体轮廓与搅拌釜下半部分内壁的形状基本吻合且它们之间的间隙很小。因此,锚式搅拌器除了起搅拌物料作用外,还可刮去搅拌釜器壁上的积聚物和加强器壁与物料间的传热。它的转速不大,主要用于黏度大、有沉淀和搅动程度要求不高的场合。在生产膏霜类化妆品时,乳化机内的刮板就属于锚式搅拌器。

六、搅拌釜

在化妆品生产时,搅拌釜是液态非均匀介质的混合与乳化的主要设备。搅拌釜一般是由釜体、搅拌部分及附件等部件组成,通常有开式和闭式两种类型。一般水剂类化妆品,如洗发香波、沐浴露、花露水和香水等,由于无须抽真空操作,因此可采用开式搅拌釜进行生产;而膏霜、乳液类化妆品的生产由于需要抽真空处理,因而采用闭式搅拌釜进行生产,如图 3-13 所示。

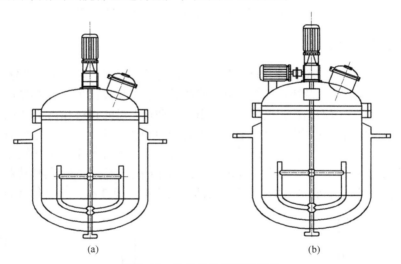

(a)　　　　　　　　　　　　(b)

图 3-13　化妆品生产用搅拌釜

(a)常规搅拌釜;(b)带均质头的搅拌釜

搅拌釜的釜体由不锈钢制成,大多数呈圆筒形。釜体包括筒体,夹套和内件,盘管,导流筒等配件。其中夹套可用于加热或冷却筒体内的物料,夹套外带保温层以防止操作时热量的散失。夹套加热方式常有电加热、蒸汽加热、导热油加热等,可根据生产能力来选择合适的加热方式。操作时如果需要在搅拌釜搅拌物料的同时完成物料换热过程,应设置换热器。换热器置于搅拌釜外,可做成夹套式;换热器置于釜内,则可用蛇管或盘管式。此外,搅拌釜内还可装设内件、反射挡板、加料管、鼓泡器等组件。

搅拌部分包括机械传动装置、高速电机、搅拌轴、叶轮,根据工艺的不同可以采用高速的剪切与分散,也可以采用低速的锚式搅拌、桨叶式搅拌等。对于生产乳状液(膏霜类)的产品,通常都要使用高速剪切结合低速锚式搅拌,而生产液洗类产品,一般只选用低速的桨叶式搅拌即可。

为了方便对设备的操作、维护及对过程的监控,在搅拌釜上还安装了附件装置,通常包括快开式卫生入孔、窥视灯/镜、温度计、采样口（采样阀）、液位显示装置、夹套冷/热介质进出口等接口和装置。

（一）简单搅拌釜

简单搅拌釜主要有立式、卧式和轻便型搅拌釜，其中立式搅拌釜最常见。而卧式搅拌釜高度较低，可以提高搅拌轴机件的震动稳定性，降低设备运行时的噪声。轻便型搅拌釜适用于小批量生产，尤其适合实验室小试、中试生产。

（二）真空乳化搅拌装置

真空乳化搅拌装置是生产高黏度产品，尤其是膏霜类产品的重要设备。这类搅拌装置机械结构较为复杂，生产时剧烈的搅拌过程会带入大量的气泡，而膏霜配方中的表面活性剂及悬浮剂又起到稳定气泡的作用，使得气泡很难从膏体中排走，最终导致整个膏体外观粗糙，无质感。另外气泡中氧气夹带着细菌，极易引起产品的氧化或细菌污染。为了减少搅拌过程所带来的气泡对产品品质的负面影响，通常采用减压操作。因此，现代化妆品生产中普遍采用真空乳化搅拌装置来解决这个问题。

七、均质乳化装置

均质乳化装置是化妆品生产中必不可少的重要设备。通常包括高剪切均质机、胶体磨、真空乳化机等。

（一）高剪切均质机

高剪切均质机是化妆品行业应用十分广泛的一种机械设备，主要应用于液体的乳化、固、液两相物料的均质分散，混合等场合。该设备结构比较复杂，是由电机、连接体、均质头等组成；而均质头（图3-14）是由均质壳体、精密配合的转子和定子、密封件所组成，转子和定子采用不锈钢加工而成，转子与定子之间的间隙为0.1～0.4mm。工作时在电机的驱动下转子以1000～15 000r/min的速度高速旋转的同时，物料在离心力和转子的上、下压力差的共同作用下进入到转子与定子之间的狭窄间隙（高剪切区）内被带动起并高速运动，物料在高剪切区承受着每秒钟成千上万次的高速剪切，形成了强烈的湍流，然后从定子中甩出。高剪切均质机能使物料在极短的时间内被均匀地混合、乳化、分散与剪切。不同的均质机其分散及乳化能力均不同，这与其内部结构有很大的关系。例如，工作腔内的转定子层数越多，剪切面越大，分散的效果越好。除此之外，还与转子齿条的形状、转定子角度、剪切面精度有关。

高剪切均质机的种类较多,按照功率大小可以分为实验室用及工业生产用，按操作压力分类可以分为常压、高压及低压高剪切均质机；按照操作方式可分为固定式、移动式等。均质头在乳化锅里的安置方式通常有上均质和下均质两种。该类设备的安装与使用注

图3-14 试验用均质头[1]

---

① 照片由美晨集团股份有限公司日化研究室提供

意事项必须严格按照其相关操作规程和手册进行,切记违规操作,尤其在分散均质操作时,工作头严禁离开液体介质运行以避免机械部件在高速运行时无液体介质保护(空转)而产生过热损坏机头。

(二)胶体磨

胶体磨是一种能够对物料进行混合、分散、乳化和微粒化处理的设备。与普通的均质机相比,其剪切力很大,可用于处理牙膏,含 ZPT 的去屑洗发露等含有固体颗粒或黏稠度较大的产品。由于其强大的剪切力,使用胶体磨可以显著增加产品悬浮或乳化的稳定性。一般而言,胶体磨由磨盘、电机和传动装置所组成。磨盘是由一定盘和一动盘所组成,工作时定盘固定不动,动盘运转。定盘与动盘之间有存在着狭小的空隙,形状及内部结构如图 3-15 所示。当动盘高速旋转时,被加工物料在重力或外部压力作用下进入剪切区,透过定、动盘之间的间隙时受到强大的剪切力和离心力的作用,使物料乳化、分散、均质和粉碎,达到超细粉碎及乳化的效果。经过处理后的物料粒径可达 0.01~5μm,所以胶体磨是一种具有强大分散能力和混合均匀的高效乳化设备。

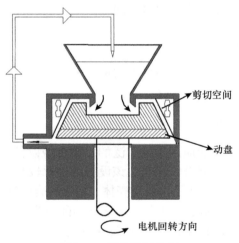

剪切空间

动盘

电机回转方向

图 3-15   胶体磨结构图

(三)真空乳化机

真空乳化机在密闭的容器中装有搅拌叶片,在负压的状态下完成搅拌和乳化,如图 3-16 所示。真空乳化装置由搅拌槽、搅拌及刮板结构(聚四氟乙烯)、高速剪切搅拌器、温度调节及传感系统、压力调节系统、原料及添加剂注入部件、加热及冷却、控制面板及各种测量仪器等装置组成。搅拌槽有三个,一个是乳化搅拌槽,两个带有加热和保温夹套及搅拌桨叶的原料溶解槽,分别是水相槽和油相槽。牙膏制品的黏稠度较高,且牙膏含粉量较大,因而生产牙膏时需要使用特殊的搅拌分散设备——牙膏制膏机,如图 3-17 所示。这种设备与真空乳化机的结构相似,由搅拌釜、夹套(加热或冷却)、刮板搅拌器、高速剪切搅拌器、加料斗、电机、真空泵、控制面板所构成。高速剪切搅拌器用于快速分散粉体类研磨剂,如轻质碳酸钙、二氧化硅等。

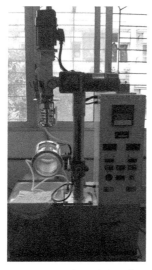

图 3-16　真空乳化机[①]

图 3-17　制膏机[①]

　　乳化搅拌槽根据其底部形状可分为半椭圆形（标准型）、半球形和锥形（漏斗形），如图 3-18 所示。标准型搅拌槽采用冲压加工成形工艺，槽内表面光滑过渡，无明显的凹凸面，槽壁厚薄均匀使其导热性能较好，而且底部较小的弧面设计使得其传热面积较大，能使被加工的物料快速地达到预设的温度。半球形搅拌槽机械强度较大，底部半球形设计使得其传热面积较小，搅拌效率较高。漏斗形搅拌槽底部呈锥形，搅拌时容易使黏稠的物料翻转，具有机械强度小、搅拌效率高的特点。这种设备适用于制造乳液化妆品，特别适用于制造高级化妆品时采取无菌配料操作使用的设备。

(a)

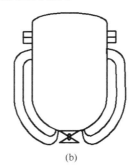
(b)

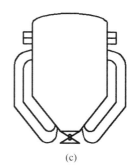
(c)

图 3-18　不同形状的乳化搅拌槽

（a）半椭圆形（标准型）；（b）半球形；（c）锥形（漏斗形）

　　搅拌及刮板结构包含搅拌桨，带刮片的搅拌器和高速剪切搅拌器（图 3-19）。机内搅拌桨的形状与运转速度可根据加工物料的种类、特性以及加工工艺来选择。运转速度调节一般为无级变速，在控制面板上安装有调速旋钮、转速表，记录仪等。刮片结构能有效地促进被加工物料与器壁之间的传热、强化物料流动及对流作用。

---

① 照片由美晨集团股份有限公司日化研究室提供

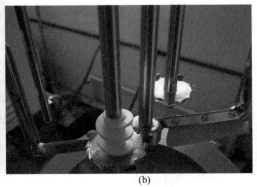

(a)　　　　　　　　　　　　　(b)

图 3-19　刮板及搅拌器①

（a）刮板及均质搅拌器；（b）刮板及高速搅拌器

真空乳化机常用的均质搅拌器运作时容器内的流体呈现出三种"吸入吐出"的流动形式，如图 3-20 所示。一种是从均质头下面吸入上面吐出（为标准型），另一种是从均质头上面吸入下面吐出。下吸上吐式均质头运作时，槽内流体流动呈现三维结构的上扫环流，乳化时均质头上部液体稍高于两侧液面，适用于普通乳霜的乳化。上吸下吐式均质头由于其逆向流动特性，形成下扫环流使得吐出的物料与乳化槽底部物流产生激烈的混合，因此适合于相对宽度较小的粉体分散。

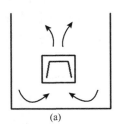
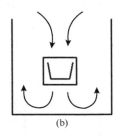
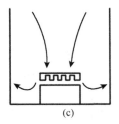

(a)　　　　　　　　(b)　　　　　　　　(c)

图 3-20　不同均质头的喷出方式

（a）下吸上吐；（b）上吸下吐；（c）上吸侧吐

除常规均质头外，这种乳化机还配备可选的锯齿形搅拌器（涡轮式搅拌器）。锯齿状的桨片加工在圆盘外缘，高速旋转时在圆盘的上下两侧形成强大的环流从而使粉体被均匀，微粒化并有效地分散到液体中。流动形式表现为上吸侧吐式。装配锯齿形搅拌器后，该乳化机还可生产牙膏等含有大量粉体类的产品。

乳化机的其他附属功能包括自动温度调节系统、搅拌槽翻转结构、控制面板和各种测量仪器。自动温度调节系统利用自动单元阀调节与控制搅拌槽夹套内的蒸汽和冷却水的流量。搅拌翻转结构采用手动把柄操作，可将搅拌槽旋转倾倒，方便取出产品及清洗。测量仪器包括有记录仪、调节计、回转计、电流计、黏度计、pH 计、真空计、压力计、流量计等，方便获取加工时设备和物料的参数。

乳化试验机加工工艺流程如图 3-21 所示。先把溶解于水和溶解于油的物料经过精确称取后分别加入至带有夹套的水槽和油槽。开启搅拌桨同时夹套内通入水蒸气加热物料至

---

① 照片由美晨集团股份有限公司日化研究室提供

80~85℃，搅拌均匀至完全溶解。如小试或中试可手动操作加料至乳化机内，生产时大料通过流量计称取后经过水泵和油泵输送至乳化机内。在输送物料进入乳化机前，乳化机需要预热至一定温度。待所有物料全部进入乳化机后，开启真空泵，均质搅拌器和刮板搅拌器处理物料 10~15min。完成乳化工序后，关闭均质搅拌器，降低刮板搅拌器的转速关闭夹套蒸汽阀门保温 10min 后开始降温。开启夹套冷却水阀门，冷却速度通过控制阀门开度来调节冷却水流量。注意此时乳化槽的冷却速度不能过快，否则出现局部凝固的现象。待乳化槽内温度下降至 60℃后，由添加剂送料斗加入香料及功能剂直至搅拌均匀。当乳化槽温度降至 40℃时关闭刮板及真空泵开关，放气后出料。

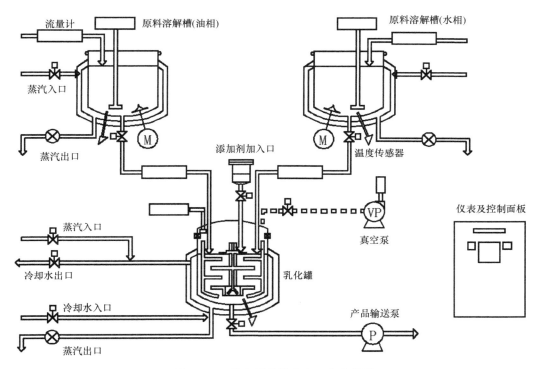

图 3-21 乳化试验机生产工艺流程图

第三节　粉类制品主要生产设备

一、粉碎设备

粉碎设备是生产粉体类化妆品的主要设备，其作用是将粉体原料进行粉碎处理使其达到生产各种粉类产品要求的细度。生产香粉类产品的粉碎机种类很多，主要分为剪切粉碎型、摩擦粉碎型、压缩粉碎型和冲击压缩粉碎型。本节主要介绍化妆品生产中常用的粉碎设备。

（一）球磨机

球磨机主要由卧式的钢制筒体、端盖、轴承和传动部件等组成，筒体内装入一定量直径不同的钢球，称之为研磨体。筒体两侧由端盖密封，筒体转动轴承安装在端盖孔间。当筒体由电动机通过大小齿轮带动做缓慢地回转运动时，装在筒体内的研磨体在筒体的摩擦力下被随之升高到一定高度后呈"抛物线"的轨迹落下。筒体连续回转运动时，研磨体也不断地做升高、滑落和回落的运动，研磨体下落时产生的撞击力将物料击碎，同时一部分研磨体在筒体内壁的滑落过程对物料也有研磨、粉碎的作用，如图 3-22 所示。由于筒体的回转与研磨体的相对运动使得物料逐渐向进料口的另一侧缓慢移动，最后在出料口出料。

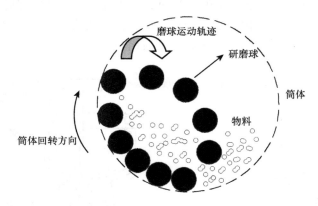

图 3-22　球磨机内研磨体和物料在筒体内的运动状态

对于球磨机性能而言，研磨体的填充率及筒体的回转速度对研磨的质量与效率都有直接的影响。若筒体转速过快，研磨体在强大的离心力作用下贴在筒壁随之转动一周，称之为"周转状态"，在这种情况下，研磨体没有对物料造成撞击和研磨的作用。若筒体转速过慢，物料与研磨体在筒体内壁的旋转角度偏小就下滑，即没有上升至足够的高度便下落，甩出的动能不足以形成抛物线的运动轨迹，形成所谓"泄落状态"，因而没有起到冲击和撞击物料的作用，研磨效率较低。只有当筒体转速适中时，研磨体随筒壁做圆周运动被甩出后形成抛物线的运动轨迹，形成"抛落"状态才有足够的动能撞击、研磨物料，从而达到粉碎物料的效果。

球磨机既可实现干磨，又可实现湿磨。粉碎程度较高，生产时粉尘较少。但球磨机体积庞大，运转时有强烈的震动和较大的噪声。

（二）振动磨机

振动磨机由底架支筒、磨筒、衬板、研磨体、激振器、支撑弹簧、驱动电机等部分组成，如图 3-23 所示。工作时研磨体和物料被输送至磨筒内，在电机的驱动下，激振器把电机的转动能量转换为周期震动，并通过支撑弹簧的作用使得筒体作高频振动。激振器安装在筒体中心的回转主轴上，当主轴回转时，由于偏心重物回转不平衡从而产生惯性离心力使筒体产生振动。筒体的震动运动并不是单一的上下或左右运动，而是做类似于椭圆轨迹

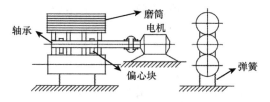

图 3-23　振动磨机结构示意图

的运动。因为机体振动时受到惯性力、阻尼力、弹性力和激振力的作用，而且所有力的合力为零。根据达郎贝尔原理，最后推导出机体的运动轨迹方程为椭圆方程。当机体在水平和竖直两个方向上的振幅相等时，运动轨迹为圆形。

筒体内的物料和研磨体被筒体的强烈震动和转动作用下形成三种不同形式的运动：①抛甩运动。物料与研磨体在筒体被抛离筒壁，在强大撞击力作用下大块物料被迅速破碎。②高速同向自转运动。在物料和研磨体自身重力的作用下，物料与研磨体在筒壁不断地翻转，达到研磨物料的作用。③慢速的公转运动。在筒壁摩擦力的作用下，物料与研磨体随筒体一起运动，这样物料被均匀分散。

如何提升振动磨机的研磨性能和可靠性是设计和生产振动磨机重点考虑的一个问题。振动强度是影响振动磨机性能的重要因素，振动磨机的研磨效率随着振动强度的增加而提升，提高振动强度可通过提高振动频率或提升振幅两种途径实现。震动频率是指磨机每分钟内的振动次数（电机的回转次数），而振幅是指机体运动轨迹的平均半径。有研究指出，增加振动频率对物料的细磨有利，而增加振幅对物料的粗磨显得更重要。磨机工作时，摩擦力的作用使得每一层研磨介质的运动方向与筒体的相反，这种效应对细磨非常重要。而提高振动频率，减少振幅可提高研磨介质与物料的接触次数，提高细磨的效果。若要提高物料的粗磨（粉碎）效果，必须提高物料与研磨体之间碰撞力。在研磨体与物料发生撞击时分别产生正向的挤压碰撞应力和切向的剪切碰撞应力，而正向的碰撞应力对粗磨效果要比剪切碰撞应力明显。当磨机振动的振幅越大，正向挤压碰撞效应越明显。因而，振幅对粗磨的效果影响较大。其余的一些影响因素包括有研磨时间，研磨介质的尺寸，研磨介质和物料的填充度等。

二、筛分设备

粉体化妆品的原料经初步研磨后固体颗粒大小并不均匀，需将大小不同的颗粒生产的要求分开，这种操作称之为筛分。按筛面的运动方式可分为固定筛、回转筛、摇动筛和振动筛。

（一）回转筛

回转筛又称滚筒筛，由电机、减速机、滚筒、机架等机件组成。主体组件为倾斜的滚筒，筒面上有筛网，筛网一般由金属丝、尼龙丝编织而成。当物料经加料斗加入到转动的滚筒后，细料可穿过筛孔排出作为成品落入料仓，而粗料则在滚筒筛网上随着滚筒转动而移动，在滚筒的另一端排出。

（二）振动筛

振动筛是利用激振器使筛面产生高频振动而实现筛分。根据激振器的类别振动筛可分为惯性振动筛、偏心振动筛和电磁振动筛。惯性振动筛与偏心振动筛基本原理与结构有许多相似的地方，如都有筛框、筛面、圆盘及滚动轴承等机件。但是惯性振动筛其传动轴是非偏心的普通轴，筛子连接弹簧安装在底座上。惯性振动筛工作时，电动机带动转动轴高速转动，轴上的圆盘及配重物在转动的过程中形成了强大的惯性力，导致筛子不停地运动。弹簧在筛子的连续运动下发生了弹性形变，弹簧不断地被拉长或压缩，从而产生连续不断的上下振动。惯性振动筛具有振幅小、频率高的特点，适用于中等粒径的物料筛分。

工业上常用的是座式振动筛。座式振动筛的筛网固定在筛箱上，筛箱安装在两组不同水平高度的板弹簧组上，筛子的两端运动轨迹为椭圆且为顺时针方向，使得进料端附近的物料向出料端快速移动，如图 3-24 所示。如需提高筛分效率可在排料端附近设置成相反的运动方向，或者两组弹簧组安装在不同的坡度位置，可使物料前进速度减慢。

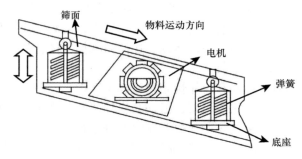

图 3-24　振动筛结构示意图

（三）离心风筛机

离心风筛机主要由漏斗形的筒体组成，内筒体与外筒体处于一条中心轴上。内筒体的中心轴上装有圆盘、翼片、风叶及电机。物料从上部加料口进入后迅速落到旋转的圆盘上，在离心力的作用下，物料被甩向筒壁附近。圆盘周边留有空隙，在风叶的作用下周边形成上升的气流，部分物料被气流吹起来，细料和中等粒径的物料由于受到的重力较小而悬浮起来，粗料则被圆盘甩到内筒壁落下。悬浮在气流中的物料中，中等粒径的物料位于细物料的下方，该区域安装转动的离心翼片，把中等粒径的物料带向内筒壁并落下，粗物料与中等物料一同从送回粉碎机内。位于离心翼片上方的细料随气流被吹送到内外筒体间的夹层中，由于夹层气流速度较小，细料落下并从细料出口处排出。

三、混合设备

混合是使用搅拌、振荡等方法使两种或以上的粉体掺和在一起形成均匀状态的过程。生产粉体类化妆品常用的混合设备有 V 型混合机和高速混合机。

（一）V 型混合机

V 型混合机是将两个圆筒焊接起来的 V 型容器，如图 3-25 所示。工作时 V 型混合筒在传动轴的带动下不断地作回转运动，由于容器的形状是非轴对称设计的，因而物料在筒体间的运动存在时间差。被混合的物料在倾斜的筒体内不断地移动，并在 V 型尖端地方反复地合并、混合，然后再传递到另一个筒中。混合过程中物料微粒间产生相对的运动，不断地滑移，叠加，两物料微粒之间接触次数增加，形成扩散的效果，从而达到混合的目的。这种 V 型混合机具有混合效率较高、无残留、操作简单、维护方便等特点，适用于干粉的混合。

（二）高速混合机

高速混合机由圆筒形带夹套的容器、转动轴、搅拌桨叶、电动机等组成，是一种高效混合设备。当高速混合机工作时，粉料在高速转动叶轮的离心力和摩擦力的作用下沿叶轮

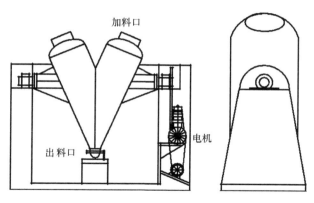

图 3-25 V 型混合机示意图

切向运动，同时被叶轮抛出，被抛出的物料由于惯性的作用沿着筒壁上升达到最高高度，然后在重力的作用又下落至叶轮。物料在整过运动过程呈现出螺旋状上、下运动轨迹。在混合筒内设置了折流板，对物料起到扰流的作用，在折流板附近形成强烈的漩涡，增加了物料之间的混合程度。在高速搅拌下快速运动的粉料粒子相互碰撞、摩擦，促进了物料之间的均匀分散。操作时粉料温度会在短时间内升高，会影响粉体产品的稳定性，因而需要在夹套内通入冷却水对物料进行冷却。由于高速混合机具有高效混合的特点，因而适用于处理热敏性的物料或不宜经受长时间加热的物料。

第四节　固液分离设备

在化妆品类制品中，常见的有化妆水、花露水、古龙水和香水等产品。由于大部分物质在水中溶解度随着温度的降低而下降，从而导致化妆品中水性产品在低温储存时可能会出现结晶现象。为了确保这类产品的稳定性，工业上常使用固液分离设备以防止产品久置后出现的固体沉积现象。操作时待产品熟化后，先将制品冷冻至接近 0℃，然后再进行过滤。化妆品工业常用的固液分离设备是板框式压滤机和筒式过滤机。

一、板框式压滤机

板框式压滤机由压紧板、止推板、过滤介质、滤板、滤框、压紧装置、集液槽等机件组成。板框式压滤机内由一系列的滤板和滤框交替排列构成。滤板的表面带有沟槽，滤框是中空的，滤布压在滤板与滤框之间形成滤室。操作时待过滤的料液通过输送泵从进料孔进入滤室，固体物料被滤布截留在滤室中并逐渐形成滤饼，滤液则通过滤板沟槽引流至板框通道后排出。过滤结束后通入清水洗涤滤渣，完毕后再通入压缩空气以去除多余的洗涤液。待全部工序完成后，拆卸压滤机内的滤板清除滤渣并清洗滤布，然后重新安装好完成一个过滤循环。板框式过滤机的操作可分为四步，分别是压紧、进料、洗涤及风干、卸饼。

二、筒式过滤机

筒式过滤机是由接管、筒体、滤芯、法兰、法兰盖及紧固件等构成的，可安装在管道中。如图 3-26 所示，物料在泵的作用下产生一定的压力，输送到装有滤芯的筒体后，固体物料被滤芯阻隔下来，滤液则通过滤芯，从筒体的下部流出。随着操作时间的延长，滤饼层越来越厚，致使过滤阻力、压差逐渐增大，最后使得渗透性降低到一定程度后过滤过程终止。因此，操作重要的工作参数有入口压力、最大允许压降、操作温度。在使用筒式过滤器时，需要注意过滤器的疲劳破坏现象。疲劳破坏主要是由两个原因引起的。由于物料流体过滤时流经一系列柱状的滤芯，由流体力学可知，阵列排列的圆柱形滤芯的下游处会交替地形成漩涡，称为"卡门涡街"（图3-27），这些漩涡的不断脱落会导致滤芯产生共振，从而破坏过滤机的正常工作，损坏机器。另一方面，流体流经滤芯时大多数处于湍流的流动状态，湍流中的脉动速度会诱发滤芯的振动，从而损坏机器。

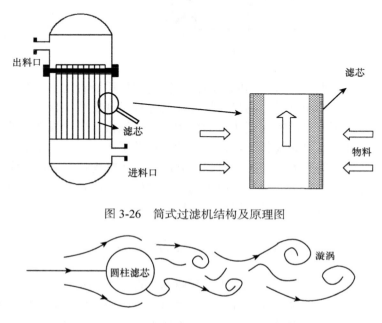

图 3-26　筒式过滤机结构及原理图

图 3-27　湍流流体绕圆柱体滤芯发生的"卡门涡街"现象

与板框式过滤机不同，筒体拆卸安装都比较困难，因此采用拆卸的方法清洗过滤机并不可行。过滤操作停止后，向过滤机通入与过滤时流动方向相反的清洗液以清除滤芯表面沉积的滤饼。滤芯可用不同材料制成，如素烧瓷、化学纤维、棉花、不锈钢丝网、树脂、细孔筛和活性炭等，这些材料有不同孔径规格。

第五节　化妆品设备消毒方法

化妆品产品或原料中的细菌会严重影响制品的外观与稳定性，因而在生产前或生产后都必须对原料或半成品进行灭菌处理。化妆品生产中常用的灭菌处理方法有化学处理灭菌、热处理灭菌及紫外线灭菌等。然而，无论采用哪一种灭菌方法，都必须具备高效的杀菌能力，安全可靠，操作过程方便的特点。

一、化学处理消毒

化学处理灭菌方法通常用于生产设备或输送管线的消毒。消毒时一般通入稀甲醛或氯水稀溶液静置8h后排出，然后用去离子水清洗干净，这样可使设备或管路中的微生物污染降至生产要求的水平。而一般释放出的氯气水平对大多数化妆品并没有影响。

二、高温消毒

高温消毒是化妆品工业最常用的灭菌方法。杀灭水生细菌最有效的方法是在水相容器内加热到 80～95℃并维持 20～30min。使用热空气也可达到灭菌效果。利用风机把空气吹送至加热器，使得空气温度加热到 120℃左右，灭菌时间维持在 60min 左右。

三、紫外线灭菌

波长在 250～350nm 的紫外线可杀灭大多数微生物，包括细菌、病毒和大多数真菌。由于紫外线消毒杀菌操作方便，成本较低，因而通常包装车间和储存膏体的半成品车间的消毒杀菌采用紫外线灯的消毒方法。

本章思考题

1. 简述乳化类化妆品生产主要设备及结构特点。
2. 简要说明化妆品最重要的原料——水的生产净化过程及其作用机制和纯净水的参数。
3. 简述球磨机工作原理及影响其性能的参数。
4. 简要说明化妆品生产的主要消毒设备。
5. 说明化妆品用粉体粒径与筛子目数的关系。

第四章

乳液类化妆品

乳液类化妆品是指将油相、水相及乳化剂等在一定的温度下，利用乳化技术所形成的具有较好的室温流动性的日用化妆品。市面上，大部分的乳液类化妆品为水包油型化妆品，油包水型较少。乳液类化妆品的最明显的特点就是其室温流动性较好，黏度较低，通常借助于重力或外力挤压就可以产生流动。乳液类化妆品由于其含油量比较少，一般小于20%，因此使用感好，较舒适滑爽，无油腻感，易涂抹，延展性好，具有一定的补水、润肤作用，比较适合夏季或初秋等季节使用。

质量优良的乳液类化妆品应该具有如下特点：合适的黏度、稳定性好、易涂敷、具有较好的皮肤渗透性、无刺激、无毒性及合适的香气。为了更好地了解乳液类化妆品的生产，本章主要安排保湿乳液的配制及其稳定性检测、清爽保湿乳液配制及性能检测、含维生素E和维生素C的纳米乳液制备及W/O滋润保湿乳的配制及性能检测四个实验。

第一节　乳液类化妆品的原料组成

乳液类化妆品通常由油脂、水、乳化剂、保湿剂、黏度调节剂、香精、色素、防腐剂等组成。有些功能性的乳液类化妆品还要添加功能活性成分，如添加了防晒成分的防晒乳，添加美白剂的美白乳等。还有，某些乳液类化妆品由于部分原料容易氧化变质，还需要添加一些抗氧剂等。

1. **油脂和蜡**　是油性物质的总称，是组成乳液化护肤品的基质原料，它包含动植物油脂和蜡类，如椰子油、橄榄油、蓖麻油、亚麻仁油、葵花籽油、棉籽油、大豆油、芝麻油、羊毛脂、蜂蜡、棕榈蜡、小烛树蜡、荷荷巴蜡、木蜡等；矿物油和蜡类，如液状石蜡、固体石蜡、微晶石蜡、地蜡、凡士林及合成油脂和蜡类，如硬脂酸、油酸、十六醇、十八醇、棕榈酸异丙酯、聚硅氧烷、羊毛脂衍生物等。通常采用固体与液体油脂搭配的方式，根据产品的使用对象的不同，油脂的含量一般控制在20%以下。

2. **乳化剂**　是乳液类化妆品中必不可少的重要化妆品原料。由于其同时具有亲水与亲油的特殊的"两亲性"结构特点，通过在油、水界面的吸附，降低油、水界面张力而达到乳化的作用。乳化剂分为阴离子型、阳离子型、非离子型及两性离子型等。乳液类化妆品中常见的乳化剂主要为非离子乳化剂，如乙氧基化甘油酯、单硬脂酸甘油酯、失水山梨醇脂肪酸酯系列（司盘，Span）、聚氧乙烯失水山梨醇脂肪酸酯系列（吐温，Tween）、卵磷脂及烷基糖苷类等。通常选择水溶性乳化剂与油溶性乳化剂作为混合乳化剂对，其含量一般控制在10%以下，通常为3%～5%。

3. **保湿剂**　是化妆品中最重要的一类原料。最常用的保湿剂主要有醇类保湿剂，如甘油、1，3-丙二醇、1，4-丁二醇、山梨醇、透明质酸、甲壳素及其衍生物、吡咯烷酮羧酸钠、乳酸及乳酸钠、水解胶原蛋白等。早期的配方中通常采用醇类保湿剂为主，含量一般为5%～10%，现在的配方大多选取透明质酸作为保湿剂。

4. **黏度调节剂**　是用来调节乳化体系的黏度，主要为水溶性高分子物质，如水溶性纤维素类，如甲基纤维素钠（MC）、羟丙基纤维素钠（HPC）、羟乙基纤维素钠（HEC）；聚丙烯酸类，如卡波 940、卡波 941 等；天然胶及其改性物，如果胶、海藻酸钠、黄蓍胶、汉生胶；聚氧乙烯、聚乙二醇及其他合成高分子聚合物等。

5. 防腐剂　是能防止由微生物引起的腐败变质、延长化妆品保质期的添加剂。常见的化妆品防腐剂主要有咪唑烷基脲、乙内酰脲、异噻唑啉酮、尼泊金酯类（对羟基苯甲酸酯）、季铵盐-15、多元醇类及衍生物防腐剂、苯甲酸、苯甲酸钠、山梨酸钾及布罗波尔（bronopol）等。乳液类化妆品中常见的防腐剂主要为尼泊金酯类，其含量一般单组分低于 0.4%，多组分一般低于 0.8%。

6. 水　是乳液类化妆品中最主要成分，通常乳液类化妆品的配方中水的含量占 80% 左右。

7. 其他　如香精、色素、抗氧剂等，一般用量较少，大多低于 1%。

第二节　乳状液的制备方法

乳状液的制备方法主要有自然乳化分散法、瞬间成皂法、转相乳化法，界面复合膜生成法、低能乳化法等。

通常，实验室常采用自然乳化法和界面复合膜生成法制备乳液。其工艺流程图如图 4-1 所示。

图 4-1　乳状液制备工艺流程图

第三节　产品质量评价标准

乳液类化妆品的感官、理化及卫生指标应符合 QB/T 2286—1997。其中主要有以下 2 项指标。

1. 理化指标　耐热（40±1）℃保持 24h，恢复室温后无分层现象。耐寒（-15～-5）℃保持 24h，恢复室温后无分层现象。离心考验 2000r/min，30min 不分层（含不溶性粉质颗粒沉淀物除外）。

2. 卫生指标　菌落总数、金黄色葡萄球菌、大肠杆菌、霉菌及酵母菌总数及 Pb、Hg、As、Cd 等金属离子应符合《化妆品卫生规范》（2015 版）的规定。

其各项指标的检测方法可参考教材后的附录。

实验一　保湿乳液的配制及其稳定性检测

一、实验目的

1. 掌握保湿乳液中各组分的性能及其作用。
2. 掌握保湿乳液的制备工艺。
3. 熟悉保湿乳液的制备过程中出现的问题。

4. 掌握保湿乳的稳定性检测。

二、实验原理

保湿乳液的乳化原理与其他各类乳状液的乳化原理相似，均是借助乳化剂降低油相与水相的界面张力，并在油水界面处形成一层乳化剂包围层，该乳化层的亲水基团指向水相，亲油基团指向油层，从而形成 O/W 或 W/O 乳化体。

三、实验仪器

实验主要仪器见表 4-1。

表 4-1　实验主要仪器

仪器名称	规格	数量
烧杯	100ml	2 个/组
	200ml	2 个/组
温度计	0～100℃	1 个/组
电热套	500ml、220W	1 个/组
搅拌器		1 台/组
玻璃棒	（3～4）×250mm	1 支/组
普通玻璃试管	12×75mm	4 支/组
离心试管		1 支/组
电子天平	每室 4 台（共用）	
高速均质机	每室 2 台（共用）	
显微镜	每室 2 台（载玻片 4 盒）	
普通烘箱	每室 1 台（共用）	
普通冰箱	每室 1 台（共用）	
旋转黏度计	每室 2 台（共用）	
pH 试纸		

四、配方组成

本实验所采用的配方见表 4-2。

表 4-2　实验配方

相别	原料编号	原料商品名称	化学名称	质量分数/%	备注
A	1	十六/十八醇	C_{16} 醇 C_{18}（4：6）	1.0	
	2	A165	硬脂酸甘油酯 / PEG-100 硬脂酸酯	1	自乳化单甘酯
	3	Span60	失水山梨醇单硬脂酸酯	0.8	
	4	Tween60	聚氧乙烯山梨醇单硬脂酸酯	1.6	
	5	26#白油	烷烃的混合物	12	
	6	IPM	肉豆蔻酸异丙酯	2	
	7	甲酯	对羟基苯甲酸甲酯	0.15	
	8	丙酯	对羟基苯甲酸丙酯	0.1	

续表

相别	原料编号	原料商品名称	化学名称	质量分数/%	备注
B	9	卡波 940	交联聚丙烯酸树脂	0.1	预分散
	10	甘油	丙三醇	3	
	11	水	去离子水	加至 100	
C	12	TEA	三乙醇胺	0.1	
D	13	杰马 BP	双（羟甲基）咪唑烷基脲碘代丙炔基丁基氨基甲酸酯（IPBC）	0.4	
	14	香精		0.03	

注：卡波 940 一定要进行预分散

五、实验步骤

拟配制 100g 产品，试按照表格配方计算并称取各组分。
1. 将 A 相搅拌加热至 80～85℃，保温搅拌 10min 以上。
2. 将 B 相搅拌加热至 85～90℃，保温搅拌 10min 以上。
3. 将 A 相加入 B 相中，搅拌均质 3min，再搅拌 1min。
4. 降温到 50℃后加入 C 相，充分搅拌均匀。
5. 降温到 45℃后加入 D 相，搅拌均匀，经检验合格即可。

六、思考题

1. 简述乳液制备的基本方法并比较其优缺点。
2. 简述乳液化妆品的基本组成及各原料的主要作用。

实验二　清爽保湿乳液配制及性能检测

一、实验目的

1. 掌握清爽保湿乳液各组分的性能及其作用。
2. 掌握清爽保湿乳液的制备工艺。
3. 掌握清爽保湿乳液的性能检测。

二、实验仪器

实验主要仪器见表 4-3。

表 4-3　实验主要仪器

仪器名称	规格	数量
烧杯	100ml	2 个/组
	200ml	2 个/组
温度计	0～100℃	1 支/组
电热套	500ml、220W	1 个/组
搅拌器		1 台/组
玻璃棒	（3～4）×250mm	1 支/组

续表

仪器名称	规格	数量
普通玻璃试管	12×75mm	4 支/组
离心试管		1 支/组
电子天平	每室 4 台（共用）	
高速均质机	每室 2 台（共用）	
显微镜	每室 2 台（载玻片 4 盒）	
普通烘箱	每室 1 台（共用）	
普通冰箱	每室 1 台（共用）	
旋转黏度计	每室 2 台（共用）	
pH 试纸		

三、配方设计

夏秋季节，随着气温的升高，随着汗水的排出，肌肤也会流失大量的水分和养分，适当使用清爽保湿乳液可以改善皮肤性能。保湿乳液基本组成为油脂、乳化剂、水、保湿剂、防腐剂、增稠剂、感官修饰剂等。

本实验选用油脂以轻质易吸收油脂（如 IPM、GTCC）为主，并辅以少量吸收相对较慢具有一定稠厚度的固体油脂十六醇、十八醇。保湿剂采用甘油与丁二醇复配，提高产品保湿功效。乳化剂选用具有较强亲水性的 A165 和亲油性的单甘酯作为乳化剂对可提高乳化体的稳定性，也会使乳化更彻底。使用汉水胶和卡波增稠可提高产品的稠厚度，获得所需黏度。实验配方见表 4-4。

清爽保湿乳液涂抹时应该质地比较稀薄、吸收较快、手感舒服柔软、清凉、无明显油腻感，有一定的保湿功效。

表 4-4   实验采用配方

相别	原料名称	质量分数/%	备注
A	去离子水	加至 100	
	EDTA	0.05	
	甘油	4	
	丁二醇	2	
	对羟基苯甲酸甲酯	0.15	
	汉生胶	0.1	
	卡波 940	0.15	预分散
B	A165	1.5	
	单硬脂酸甘油酯	0.5	
	IPM	3	
	GTCC	2	
	十六/十八醇	1	
	凡士林	0.2	
	丙酯	0.05	
C	聚二甲基硅氧烷（DC1403）	1.5	
D	TEA	0.15	
E	香精	0.12	

四、配制工艺

1. 先加甘油、丁二醇分散汉生胶，再加对羟基苯甲酸甲酯、EDTA、卡波 940 及水搅拌溶解，加热到 85～90℃，得 A 相，保温待用。

2. 另取一烧杯，将 B 相各组分称重后依次加入，升温到 75～80℃，待用。

3. 待 A、B 两相完全溶解且温度相差不大时（一般>80℃），把 B 相加入到 A 相，高速（>3000r/min）均质 2～3min。

4. 加入 C 相，均质 1～2min。

5. 待温度降至 60℃再加入 D 相，降温到时 40℃加 E 相搅拌均匀。产品经检验合格后，静置装瓶。

五、产品质量检验及评价

1. 感观指标

（1）外观：取试样在室温和非阳光直射下目测观察，保湿乳应为乳白色，细腻有光泽。

（2）香气：取试样用嗅觉进行鉴别，符合产品设定香味。

（3）颗粒度：采用普通显微镜观察乳化粒子形貌及大小分布均匀。

（4）肤感：质地比较稀薄、吸收较快、手感舒服柔软、清凉、无明显油腻感。

2. 静置稳定性　在室温下，取一定量产品置于小试管内，分别静置一段时间（国标要求 24h，企业有些长达 3 个月），观察乳液的稳定性并记录观察现象（表 4-5）。

表 4-5　稳定性记录表

现象 时间	有无分层	变色	变味	长霉

3. 离心稳定性　在室温下，取 2.5ml 产品置于离心试管内，以 2000r/min 离心 30min 观察稳定性并记录现象。

4. 耐热稳定性　取出 1 份，放置在 40℃环境中 24h 后取出，恢复至室温，观察其稳定性；如果无油水分离，无变色，则耐热实验成功。

5. 耐寒稳定性　取出 1 份，放置在–15～–5℃中 24h 后取出，恢复至室温，观察其稳定性；如果无油水分离，无变色，则耐寒实验成功。

6. 防腐性实验　取出 1 份，放置在室温中，放置一个月，观察有无真菌生成。

7. 刺激性实验　诊断化妆品过敏的一种有效的方法是斑贴试验，在受试物与志愿者皮肤接触一定时间后，记录受试物与皮肤接触后的红、干、痒等症状参数并进行分级主观评价，然后对实验数据加以统计分析，可以鉴定化妆品过敏患者的过敏原及过敏程度大小。

8. 高低温循环试验　取出 1 份，放置在 40℃下 24h 及 0℃下 24h 分别交替 3 个月（国标上并无要求，但实际生产上是一个很重要的参考条件），观察其稳定性；如果无油水分离，无变色，则高低温循环试验视为成功。

六、思考题

1. 简述清爽乳液的设计原理。

2. 如何确定乳化剂的种类及用量？

实验三　含维生素E和维生素C的纳米乳液制备

一、实验目的

1. 学习化妆品的基本知识。
2. 初步掌握配制纳米乳液的基本操作技术。
3. 了解纳米乳液的制备及其各组分的作用。

二、实验仪器与试剂

仪器：恒温电热套、磁力搅拌器、均质机、电子天平、烧杯、温度计、量筒。

试剂：TX-4、IPM、维生素E、维生素C、汉生胶、尼泊金甲酯、尼泊金乙酯、甘油、0.5%柠檬酸、去离子水。

三、配方要求

该微乳液同时含有维生素E和维生素C，不仅能协同利用这两种优良的抗氧化剂，使该微乳液具有良好的皮肤渗透性和皮肤铺展性，安全性好，生物利用度高，还可以此为基础，在微乳液中加入其他功能性成分，使微乳液可以广泛地应用在化妆品、药物等领域。

四、配方设计与计算

1. 表面活性剂的配制　要选用低毒性和生物相容性好的非离子型表面活性剂。在溶液中比较稳定，不易受强电解质，无机盐类的影响，也不易受酸碱的影响，并且与其他表面活性剂的相容性好，溶血作用较少，如RH-40、EL-40、TX-8、Span-80、及Span-80与上述活性剂的复合。

2. 油相的亲水亲油平衡（hydrophile-lipophilebalance；HLB）**值**　根据表面活性剂相的HLB值，选用一种或几种油与维生素E复配，调节它们的比例，使油相的HLB值与表面活性剂的HLB值相近。

3. 水相的配制　根据需要配制一定浓度的维生素C水溶液。

4. 按照表面活性剂与油相的比例10：1的比例，确定表面活性剂的用量。

5. 纳米乳液的配方见表4-6。

表4-6　实验配方

名称	代号	质量分数/%
壬基酚聚氧乙烯醚	TX-4	8.6
肉豆蔻酸（十四酸）异丙酯	IPM	1
汉生胶		0.1
维生素E		0.5
维生素C		3.5
甘油		4.2
尼泊金甲酯		0.2
0.5%柠檬酸		pH6.5～7.5
香精		适量
去离子水		余量

五、操作步骤

1. 称取各组分维生素E、维生素C，表面活性剂、IPM、去离子水，备用。
2. 把汉生胶溶解于蒸馏水中，再加入维生素C溶液，搅拌溶解。
3. 把维生素E溶解在IPM中，搅拌，再加入表面活性剂，搅拌均匀。

4. 往水溶液中慢慢加入油相，开启搅拌器，边加入油相边搅拌，直至表面活性剂完全溶解，溶液变成无色透明澄清液体。

5. 静置过夜，无分层现象，并经过检验合格后装瓶即可。

六、产品质量检验及评价

1. 感观指标

（1）外观：取试样在室温和非阳光直射下目测观察，乳液为无色透明的溶液。

（2）香气：取试样用嗅觉进行鉴别，有宜人的香味。

2. 耐热稳定性实验　取出 1 份，密封放置在 40℃环境中 24h 后取出，冷却至室温，观察其稳定性；如果无油水分离，无变色，则耐热实验成功。

3. 耐寒稳定性实验　取出 1 份，密封放置在 $-15\sim-5$℃中 24h 后取出，升温至室温，观察其稳定性；如果无油水分离，无变色，则耐寒实验成功。

4. 防腐性实验　取出 1 份，放置在室温中，放置一个月，观察有无真菌生成或者变色。

5. 刺激性实验　斑贴试验：在受试物与志愿者皮肤接触一定时间后，记录受试物与皮肤接触后的红、干、痒等症状参数并进行分级主观评价，然后对实验数据加以统计分析，可以鉴定化妆品过敏患者的过敏原及过敏程度大小。

6. 粒度分布检测　取上述乳液按体积比为 1∶1000 进行稀释，采用 ZETASIZER 3000 激光粒度分布仪（英国 Malvern 公司）测定所制备的乳液的平均粒径及粒度分布情况。

七、思考题

1. 混合时，如果油相加入太快，会使表面活性剂不能及时溶解而形成胶团，应该如何改进？

2. 当添加助乳化剂时，若主表面活性剂、助表面活性剂和油相的比例仍为 10∶1，这种情况下是否仍能形成微乳液？为什么？

实验四　W/O 滋润保湿乳的配制及性能检测

一、实验目的

1. 掌握 W/O 滋润保湿乳各组分的性能及其作用。

2. 掌握 W/O 滋润保湿乳的制备工艺。

3. 熟悉 W/O 滋润保湿乳的制备过程中出现的问题。

4. 掌握 W/O 滋润保湿乳的性能评价。

二、实验仪器

本实验所用主要仪器见表 4-7。

三、实验原理

W/O 滋润保湿乳的乳化原理与其他各类乳状

表 4-7　实验主要仪器

仪器名称	规格	数量
烧杯	100ml	2 个/组
	200ml	2 个/组
温度计	0～100℃	1 支/组
电热套	500ml 带控温仪	1 个/组
搅拌器		1 台/组
玻璃棒		1 支/组
电子天平		1 台/两组
高速均质机	每室 1 台	
高速离心机	每室 1 台	
旋转黏度计	每室 1 台	

液的乳化原理相似，借助 W/O 乳化剂降低油相与水相的界面张力，并在油/水界面处形成乳化剂吸附层，该乳化层的亲水基团朝外指向油相，亲水基团朝里指向水相，从而形成 W/O 乳化体。

四、配方组成

本实验所用主要试剂见表 4-8。

表 4-8   实验主要试剂

相别	原料商品名称	化学名称	质量分数/%	备注
A	GTCC	辛酸/癸酸三酰甘油	12.0	
B	IPM	肉豆蔻酸异丙酯	15.0	
C	Abil EM90	鲸蜡基聚乙二醇/聚丙二醇-10/1 二甲基硅氧烷醇	2.5	
D	PDMS	聚二甲基硅氧烷(5cst)	10	
E	有机硅粉	硅弹性体 9040	3	
F	甘油	丙三醇	6	
		丁二醇	4	
G	甲酯	对羟基苯甲酸甲酯	0.06	
H	香精		0.1	
I	水	纯净水	加至100	

五、实验步骤

本实验拟配制 100g 产品，并按照表格配方计算并称取各组分。其工艺如下所示。

1. 将 A 相、B 相、C 相搅拌加热至 80～85℃，保温搅拌 10min 以上。记为 I 相，备用。

2. 将 E 相、F 相、G 相及 I 搅拌加热至 85～90℃，保温搅拌 10min 以上。记为 II 相，备用。

3. 将 II 加入 I 相中，搅拌均质 3min，再搅拌 1min。

4. 降温到 50℃后加入 D 相，充分搅拌均质 2min。

5. 降温到 45℃后加入 H 相，搅拌均匀即可。

六、乳液稳定性检测

1. **稀释稳定性**　在室温下，取一定量产品用纯净水按 1：2、1：4、1：6、1：8、1：10 比例进行稀释，搅拌均匀后，分别静置 10min、100min、1000min，观察乳液的稳定性并记录现象。

2. **静置稳定性**　在室温下，取一定量产品置于小试管内，分别静置 1 日、2 日、3 日、4 日、5 日，观察乳液的稳定性并记录现象。

3. **离心稳定性**　在室温下，取 2.5ml 产品置于离心试管内，在转速为 5000r/min 下分别离心 2min、4min、6min、8min 后观察并记录现象；随后将转速调节为 10 000r/min、15 000r/min 进行相似测试，观察乳液的稳定性并记录现象。

4. **冻融稳定性**　取出 1 份，放置在-10℃环境中 24h 后取出，升温至室温，观察其稳定性；如果无油水分离，无变色，则冻融稳定性成功。

5. **热稳定性**　取出 1 份，放置在 40℃环境中 24h 后取出，冷却至室温，观察其稳定性；如果无油水分离，无变色，则耐热实验成功。

七、思考题

1. 指出配方中各成分的主要作用。
2. 如何提高 W/O 乳化体系的稳定性？
3. 试从原料组成及性能评价方面比较 O//W 与 W/O 乳液的区别。

第五章

膏霜类化妆品

膏霜类化妆品与乳液类化妆品的作用、原料及生产工艺相差不大。通常，从外观上来看，膏霜类化妆品比乳液类化妆品具有更大的黏度，室温流动性较差，一般需要借助外力挤出或挑出；在原料的选择方面膏霜需要加入较多的固体油脂（室温）且油脂的加入总量比乳液中所加入的油脂要大得多，同时乳液一般在春季、初秋使用，而膏霜一般在晚秋及寒冬、干燥季节使用比较好。膏霜具有较好的保湿和滋润皮肤的作用，尤其对于干性皮肤及有开裂迹象的皮肤具有明显的润肤及滋润作用。

本章将开设四个实验，分别为保湿膏霜的配制及其性能检测、润肤霜的配制、防晒霜的配制及 W/O 滋润保湿霜的配制及性能检测。产品感官、理化及卫生指标参考 QB/T 1857-2013 执行。

实验五　保湿膏霜的配制及其性能检测

一、实验目的

1. 学习护肤类化妆品的基本知识。
2. 初步掌握配制乳化制品的基本操作技术。
3. 了解保湿膏霜的制备及其各组分的作用。
4. 初步掌握保湿膏霜的性能评价。

二、仪器与试剂

实验主要仪器见表 5-1。

表 5-1　实验主要仪器

仪器名称	规格	数量
烧杯	100ml	2 个/组
	200ml	2 个/组
温度计	0~100℃	1 支/组
电热套	500ml、220W	1 个/组
搅拌器		1 台/组
玻璃棒	（3~4）×250mm	1 支/组
普通玻璃试管	12×75mm	4 支/组
离心试管		1 支/组
电子天平	每室 4 台（共用）	
高速均质机	每室 2 台（共用）	
显微镜	每室 2 台（载玻片 4 盒）	
普通烘箱	每室 1 台（共用）	
普通冰箱	每室 1 台（共用）	

试剂：白油、月桂醇、单甘酯、十六醇、尼泊金甲酯、尼泊金乙酯、Tween60、甘油、羊毛脂、白凡士林、橄榄油、丙二醇、蒸馏水、香精、色素、杰马。

三、配方要求

保湿霜应细腻有光泽，无粗颗粒，不刺激皮肤，无毒副作用，香气宜人，软硬度适中。能柔软皮肤，防止脱脂及保持水分，防止皮肤皲裂，有滋润、保湿锁水的作用，能在皮肤上迅速展开，铺展性能良好，并被吸收，对皮肤的渗透性好，具有良好的保护皮肤的功能，适用于干性皮肤。参考配方见表 5-2。

表 5-2   保湿霜参考配方

相别		质量分数/%	备注
A	去离子水	加至 100	
	EDTA	0.05	
	甘油	10	
	丙二醇	2	
	Tween60	2.0	
	卡波 940	0.2	预分散
B	白凡士林	2	
	单硬脂酸甘油酯（A165）	1.6	
	司盘-60	1	
	羊毛脂	1	
	26#白油	10	
	十六/十八醇	3	
	尼泊金甲酯	0.2	
	尼泊金乙酯	0.1	
C	聚二甲基硅氯烷（或 DC1403）	0.5	
D	三乙醇胺（TEA）	0.2	
E	香精	0.05	
	杰马	0.4	

四、操作步骤

1. 把油相依次加入烧杯中，搅拌，加热至 85℃，保温 5min。
2. 把甘油加入水中，加热，搅拌溶解，加热至 85℃。
3. 将油相倒到水相中，搅拌均质机乳化 3min。
4. 加入 C 相，均质 1～2min。
5. 降温至 60℃时，加入 TEA，搅拌均匀。
6. 降温至 40℃时加入香精、杰马搅拌均匀，经检验合格后即可装瓶。

五、思考题

1. 保湿霜的制备一般都在 80℃左右乳化，但是否一定要在这个温度下乳化，能不能在常温下乳化呢？能否在高温 100℃条件下乳化呢？
2. 计算乳化剂的用量是依据油相的 HLB 值与乳化剂的 HLB 值相近，那么如果两者相差很大的时候是否仍能乳化呢？为什么？

实验六 润肤霜的配制

一、实验目的

1. 了解润肤霜美容化妆品的制备原理。
2. 了解润肤霜中各组分的作用。
3. 掌握配制润肤霜美容化妆品的基本操作技术。
4. 掌握使用显微镜对乳化体进行观察。

二、实验原理

润肤霜是对皮肤具有滋润和保护作用的膏霜的统称，是美容化妆品中最主要产品之一。其作用是在皮肤表面形成一薄层护肤的乳化脂膜，可隔离外界环境的刺激，补充皮肤天然存在的游离脂肪酸、胆固醇及油脂的不足，防止皮肤水分挥发而达到滋润和保护的目的。润肤霜的油性成分含量一般为 10%～70%，主要有 O/W 型和 W/O 型两种，市面上主要以 O/W 型润肤霜为主。

1. **性状及使用功效** 白色或浅色、均匀、细腻的膏体，涂抹时皮肤滋润而不油腻，pH 为 4.0～6.5，具有润滑、柔软皮肤的性能。

2. **润肤霜的配方设计原则**
（1）外观洁白美观，富有光泽、质地细腻。
（2）手感良好，体质均匀，黏度合适，易于倾出、挑出或挤出。
（3）易于在皮肤上铺展和分散，不泛白，不起条。
（4）擦在皮肤上具有较好的亲和性、易于均匀分散。
（5）具有良好的湿润但无黏腻感。
（6）具有清新怡人的香气。

3. **主要成分** 润肤霜的主要成分有油性滋润剂、乳化剂、保湿剂、香精、色素和防腐剂等。

（1）油性润肤剂：是一类温和的能使皮肤柔软、柔韧的亲油性物质。常用的油性润肤剂主要有：①动植物油脂，如橄榄油、亚麻油、茶油、蓖麻油、蛇油、深海鱼油等；②蜡类，如蜂蜡、荷荷巴蜡、羊毛脂及其衍生物等；③烃类，如液状石蜡、固状石蜡、凡士林等；④高级脂肪酸，如月桂酸、棕榈酸、硬脂酸等；⑤高级脂肪醇，如月桂醇、油醇等，是良好的滋润剂，助乳化稳定剂；⑥酯类，如肉蔻酸异丙酯、棕榈酸异丙酯等；⑦硅油及其衍生物，如聚硅氧烷和甲基聚硅氧烷；⑧磷脂，如卵磷脂和脑磷脂。

（2）乳化剂：润肤霜常用乳化剂主要有阴离子型表面活性剂和非离子型表面活性剂。常用的阴离子型表面活性剂主要有脂肪酸盐、烷基硫酸钠、脂肪醇磷酸酯等。常用的非离子型表面活性剂有单硬脂酸甘油酯（单甘酯）、失水山梨醇酯（Span 类）及其聚氧乙烯衍生物（Tween 类）、脂肪醇醚等。

三、仪器与试剂

仪器：水浴锅、玻璃棒、pH 计、烧杯、量筒、台秤、显微镜。

试剂：试剂组分及其质量分数见表 5-3。

表 5-3　润肤霜配方组成及含量

相别	组分	质量分数/%	相别	组分	质量分数/%
A	十六/十八醇	3.0	B	吐温 60	2.0
	司盘 60	1.0		卡波 940	0.2
	角鲨烷	8.0		丙二醇	5.0
	白油（26#）	8.0		去离子水	加至 100
	IPM	2.0	C	三乙醇胺	0.2
	羊毛脂衍生物	1.0	D	杰马 BP	0.4
	单硬脂酸甘油酯	3.5		香精	适量
	尼泊金甲酯、丙酯	适量			

注：卡波 940 一定要预分散

四、实验步骤

1. **设计润肤霜配方**　根据润肤霜产品的特点进行配方设计。本实验可参见表 5-3 进行。
2. **操作工艺**　拟配制 100g 产品，按照表 5-3 配方计算并称取各组分。
（1）将 A 相搅拌加热至 80～85℃，保温搅拌 10min 以上。
（2）将 B 相搅拌加热至 85～90℃，保温搅拌 10min 以上。
（3）将 A 相加入 B 相中，搅拌均质 3min。
（4）降温到 50℃后加入 C 相，充分搅拌均匀。
（5）降温到 45℃后加入 D 相，搅拌均匀，经检验合格后即可装瓶。

实验所制得的产品应该洁白、颗粒细腻、稠度适中，在皮肤上容易涂抹，且涂后无刺激。合格的产品用显微镜检查的结果是大部分颗粒的直径为 1～10um，呈球形，分布均匀。久置后不出现渗水、干缩、变色、霉变、发胀等现象。

五、注意事项

1. 水相、油相原料在混合乳化前一定要溶解完全。
2. 水相、油相混合乳化前温度一定要相同或相近，且温差不能超过 10℃。
3. 活性成分及热敏物质一般在后配料、低温时期才能加入。

六、思考题

1. 润肤霜中起润肤作用的是哪些成分？
2. 为什么热敏物质一般在后配料、低温时期才能加入？
3. 指出本实验乳化剂的组成。
4. 简述乳化作用的机制是什么。

实验七　防晒霜的配制

一、实验目的

1. 了解防晒霜化妆品的制备原理。

2. 掌握防晒霜化妆品的配制方法。

3. 了解防晒霜化妆品中各组分的作用。

二、实验原理

1. **性状及功效** 白色或浅色、均匀、细腻膏体，易涂抹无油腻感，具有保护皮肤，防止皮肤晒黑或晒伤的功能。

2. **配方设计原则**

（1）产品的目标防晒系数（sunprotection factor，SPF）及 PA：根据市场的需要，确定产品 SPF 及 PA。现在市场上防晒产品主要还是针对 UVB 来进行研发和生产的，很少考虑对 UVA 的防护，所以本实验主要考虑对 UVB 紫外线的防护，确定产品的 SPF 为 15～30。

（2）产品的目标人群：根据产品主要销售对象确定防晒剂类别和用量。对于皮肤易过敏的人群，不应该使用对氨基苯甲酸类的防晒剂。

（3）产品的目标成本：与其他组分相比，防晒剂的价格较昂贵，特别是有机防晒剂尤其要考虑其成本。

（4）耐水或防水性能：防晒制品的耐水和防水性能直接影响其防晒功效的持久性。

3. **主要成分** 防晒霜的组成和润肤霜的组成基本相同，但防晒霜添加了适当的防晒剂。无机防晒剂主要采用微粒状的二氧化钛、氧化锌、氧化铁、高岭土等，其中以氧化锌、二氧化钛为最好，这是由于它的散射作用最强，光稳定性好，无刺激，安全性高。但氧化锌和二氧化钛都是亲水性粉体，制备时易浮粉，涂抹时附着性差，通常采用环状有机硅氧烷进行包覆处理，使之与乳化体融合。

对于有机防晒剂，允许使用的有机防晒剂主要有对氨基苯甲酸类（防 UVB）、水杨酸类（防 UVB）、肉桂酸类及二苯甲酮（防 UVA）等。除了使用有机、无机防晒剂以外，也有报道采用植物，如芦荟、沙棘、人参、甲壳素等提取液作为防晒剂。

要想获得安全的具有较高防晒性能的防晒霜，防晒剂的选择非常重要，可以使用单一的无机和有机防晒剂，也可以复配使用。

三、仪器与试剂

仪器：水浴锅、玻璃棒、pH 计、烧杯、量筒、台秤、高速均质机。

试剂：试剂组分及含量见表 5-4。

表 5-4 防晒霜配方组成及含量

相别	组分	质量分数/%	相别	组分	质量分数/%
A	十六/十八醇	3.0	B	超细二氧化钛	5.0
	单硬脂酸甘油酯	2.5		超细氧化锌	5.0
	IPM	3.5		甘油	5.5
	角鲨烷	8.5		丙二醇	6.0
	异构十六烷	8.5		汉生胶	0.3
	Tween 60	2		硅酸铝镁	0.2
	Span 60	1		去离子水	加至100
	尼泊金甲酯	0.2	C	聚二甲基硅氧烷	0.5
	尼泊金丙酯	0.1	D	杰马 BP	0.4
				香精	适量

四、实验步骤

1. 设计防晒霜配方 本实验可参见表 5-4 配方进行。

2. 操作工艺 拟配制 100g 产品，试按照表 5-4 配方计算并称取各组分。

（1）将 A 相搅拌加热至 80～85℃，保温搅拌 10min 以上。

（2）将 B 相搅拌加热至 85～90℃，保温搅拌 10min 以上。

（3）将 A 相加入 B 相中，搅拌均质 3min。

（4）降温到 60℃后加入 C 相，充分搅拌均匀。

（5）降温到 50℃后加入 D 相，搅拌均匀，继续降温至室温，经检验合格后即可装瓶。

五、注意事项

1. 水相、油相混合乳化前温度一定要相同或相近，且温差不能超过 10℃。

2. 活性成分及热敏物质一般在后配料、低温条件下才能加入。

六、思考题

1. 防晒剂霜中起防晒作用的是哪些成分？

2. 简述防晒剂的防晒作用机制。

3. 紫外线吸收剂分为哪几类？

实验八 W/O 滋润保湿霜的配制及性能检测

一、实验目的

1. 掌握 W/O 滋润保湿霜各组分的性能及其作用。

2. 掌握 W/O 滋润保湿霜的制备工艺。

3. 熟悉 W/O 滋润保湿霜的制备过程中出现的问题。

4. 掌握 W/O 滋润保湿霜的性能评价。

二、实验仪器

本实验所需仪器见表 5-5。

表 5-5 主要仪器

仪器名称	规格	数量
烧杯	100ml	2 个/组
	200ml	2 个/组
温度计	0～100℃	1 支/组
电热套	500ml、带控温仪	1 个/组
搅拌器		1 台/组
玻璃棒		1 支/组
电子天平		1 台/两组
高速均质机	每室 1 台	
高速离心机	每室 1 台	
旋转黏度计	每室 1 台	

三、实验原理

W/O 滋润保湿霜的乳化原理与其他各类乳状液的乳化原理相似,借助 W/O 乳化剂降低油相与水相的界面张力,并在油/水界面处形成乳化剂吸附层,该吸附层的亲水基团朝外指向油相,亲水基团朝里指向水相,从而形成 W/O 乳化体。

四、配方组成

本实验所需配方组成见表 5-6。

表 5-6　配方组成

相别	商品名称	化学名称	质量分数/%	备注
A	GTCC	辛酸/癸酸三酰甘油	9.0	
B	Abil EM90	鲸蜡基聚乙二醇/聚丙二醇-10/1 二甲基硅氧烷醇	2.8	
C	PDMS	聚二甲基硅氧烷（5cst）	8	
D	甘油	丙三醇	6	
	1,3-丁二醇		4	
	甲酯	对羟基苯甲酸甲酯	0.06	
E	香精		0.1	
F	水	纯净水	加至 100	

五、实验步骤

拟配制 100g 产品,并按照表格配方计算并称取各组分。
1. 将 A 相、B 相搅拌加热至 80～85℃,保温搅拌 10min 以上。记为Ⅰ,备用。
2. 将 D 相、F 相搅拌加热至 85～90℃,保温搅拌 10min 以上。记为Ⅱ,备用。
3. 将Ⅱ相加入Ⅰ相中,搅拌均质 3min,再搅拌 1min。
4. 降温到 50℃后加入 C 相,充分搅拌均质 2min。
5. 降温到 45℃后加入 E 相,搅拌均匀,降至室温,经检验合格即可。

六、思考题

1. 指出该配方中各组分的主要作用。
2. 如何鉴定乳化体的类型?

第六章

水剂类化妆品

　　水剂类化妆品配方中几乎不含油脂，因而具有特别清爽、舒适的感觉而易被广大消费者所认可。水剂类化妆品主要有香水、柔肤水、洁肤水、收敛水、须后水或痱子水等，主要以水或乙醇为基质原料，大多为透明液体，这类产品必须保持清晰透明，香气纯净无杂味，即使在低温下也不能产生混浊和沉淀。因此，对这类产品所用原料、包装容器和设备的要求是极严格的，特别是香水用乙醇，不允许含有微量不纯物，如杂醇油等，否则会严重损害香水的香味。包装容器必须是优质的中性玻璃，与内容物不会发生作用，所用色素必须具有良好的光稳定性。生产设备最好采用不锈钢或耐酸搪瓷材料等。水剂类化妆品的生产工艺通常包括混合、陈化、过滤、灌装及包装等。

　　本章将开设五个实验，分别为冰晶保湿啫喱水的配制、保湿爽肤水溶液剂的配制、凝胶剂的配制、东方型香水的配制、康乃馨香水的配制。香水类产品感官、理化及卫生指标参考 DB35/T 1316-2013 执行。

实验九　冰晶保湿啫喱水的配制

一、实验目的

1. 了解保湿啫喱水的相关知识及制备工艺。
2. 掌握冰晶保湿啫喱水的配方。
3. 掌握保湿啫喱产品质量评价。

二、实验仪器

本实验所需仪器见表 6-1。

表 6-1　主要仪器

仪器名称	规格	数量
烧杯	50ml	1 个/组
	100ml	2 个/组
	200ml	2 个/组
温度计	0～100℃	1 支/组
电热套	500ml、控温仪	1 个/组
搅拌器		1 台/组
玻璃棒		1 支/组
电子天平		1 台/两组

三、实验原理

冰晶保湿啫喱水是在溶剂水中添加了冰晶活性成分，提高了清凉爽肤感，本配方采用卡波树脂作成膜剂，制备啫喱状水剂。该保湿啫喱水能起到清爽皮肤、保持皮肤水分及美容洁肤的作用。

四、配方及工艺

1. **参考配方**　本实验所需试剂见表 6-2。

表 6-2　配方组成

相别	原料编号	原料商品名称	化学名称	质量分数/%	备注
A	1	卡波 940	季戊四醇丙烯酸交联树酯	0.5	预分散
	2	水	去离子水	81	
	3	甲酯	对羟基苯甲酸甲酯	0.15	
	4	甘油	丙三醇	8	
	5	BPO	丙二醇	5	
B	6	TEA	三乙醇胺	0.5	混合透明均匀即可
	7	乙醇	无水乙醇	5	
	8	薄荷脑	薄荷醇	0.1	
	9	CO-40	PEG-40 氢化蓖麻油	0.3	
	10	杰马 BP	双（羟甲基）咪唑烷基脲碘代丙炔基丁基氨基甲酸酯（IPBC）	0.45	
	11	香精		0.03	

2. **配制工艺**

（1）A 相：将组分 1 加入组分 2 中，加热溶解（可适当均质），再加入组分 3，加热到 80℃溶解，降温至 40℃，加入组分 4、组分 5 搅拌溶解，搅拌中加入组分 2，充分溶解。

（2）B 相：在合适容器中加入组分 7、组分 8、组分 9 加热到 40℃溶解，再加入组分 11 溶解。

（3）将 B 相加入 A 相，缓慢搅拌直到均匀透明，低速搅拌加入组分 6，搅拌至均匀，最后加入组分 10 搅拌均匀，得透明产品。

（4）参考护肤啫喱 QB/T 2874-2007 对所得产品进行感官、理化及卫生指标检测。经检验合格后进行装瓶即可。

五、思考题

1. 简述啫喱产品与乳液及水剂产品的区别。
2. 在该实验中，CO-40 起到什么作用？如果不加该种原料，产品可能会出现什么现象？
3. 说明配制啫喱的关键工艺。

实验十　保湿爽肤水溶液剂的配制

一、实验目的

1. 掌握常用溶液剂的分类及保湿爽肤水的制备方法。

2. 了解增加溶液剂溶解度的方法与影响溶解速度的因素。

二、实验仪器

本实验所需仪器见表 6-3。

表 6-3   主要仪器

仪器名称	规格	数量
烧杯	50ml	1 个/组
	100ml	2 个/组
	200ml	2 个/组
温度计	0～100℃	1 支/组
电热套	500ml、控温仪	1 个/组
搅拌器		1 台/组
玻璃棒		1 支/组
电子天平		1 台/两组

三、实验原理

1. **溶液剂的定义与分类**   溶液剂一般为低黏度、流动性好的透明液状化妆品。溶剂通常为水、乙醇、油等。溶液型化妆品主要有润肤水、收敛性美容水、透明洗发水、花露水等。

2. **增加药物溶解度的方法**   溶液剂与其他化妆品在外观上相比的最大区别就在于溶液剂的外观往往呈现透明状，而其他的化妆品一般是不透明状的。如何解决配方中各组分在溶液中的溶解是制备溶液剂化妆品首先要解决的问题。

这里仅介绍有机药物在溶液剂化妆品中的溶解情况。

（1）将酸性或碱性药物制成盐类：某些不溶或难溶的有机药物，若分子中含有酸性或碱性基团者，可分别用碱或酸将其制成盐类，以增大其在水中的溶解度。

另注意，有些酸性或碱性有机药物，可与许多不同的碱或酸生成不同的盐类，而这些同一药物所生成的不同的盐类，其溶解度、稳定性、刺激性、毒性、疗效等不相同，须根据实际情况进行选择。例如，奎宁可制成磷酸盐、二硫酸盐、盐酸盐及二盐酸盐，其中二盐酸奎宁的溶解度为最大，硫酸奎宁的刺激性较大。

（2）选择适当的溶剂或复合溶剂：在不影响药物疗效的前提下，根据药物性质选择适宜溶剂，即"相似相溶"的原则，使其溶解成溶液，如樟脑不溶于水而溶于乙醇和脂肪油。

水与乙醇、甘油和丙二醇等组成复合溶剂，可增大某些难溶于水的有机物的溶解度。选择溶剂时还应注意毒性、不良反应、刺激性、吸收及疗效等问题。

（3）添加助溶剂：助溶剂可以提高药物在溶剂中的溶解度。常用的助溶剂主要有三类：①无机化合物，如碘化钾、氯化钠等；②有机酸及其盐，如苯甲酸钠、水杨酸钠、柠檬酸钠、对羟基苯甲酸钠等；③酰胺类化合物，如烟酰胺、脲等。

3. **影响药物溶解速度的因素**   有很多种，主要包括温度、搅拌、颗粒度等因素。

（1）温度：一般情况下升高温度，药物的溶解速度越快，但遇热不稳定的药物溶解时不宜加热。

（2）搅拌：搅拌可以加速溶质饱和层的扩散，使溶解速度加快，在药物溶解时应不断搅拌。

（3）粒度：药物的粒度系指固体药物粒子的大小，通常用粒径来表示，药物的粒度越小，颗粒越细，溶解越快。

4. 化妆品中常见溶液剂的类型 溶液类化妆品由于具有一系列优异的性能：产品不油腻、不黏稠、使用感觉舒适、刺激性小，而逐渐受到消费者的喜爱。

（1）润肤水：又称为柔肤水，它是一种可使皮肤柔软、保持皮肤滋润、光滑的溶液剂化妆品。润肤水的主要成分有如下几种。①润肤剂：天然油脂，如橄榄油、荷荷巴油、羊毛脂及硅氧烷类；各种脂肪醇、脂肪酸酯等均有一定的润肤作用。②保湿剂：甘油、丙二醇、丁二醇、聚乙二醇、透明质酸、吡咯烷酮羧酸钠及乳酸钠。③增稠剂：天然胶质、水溶性高分子化合物，如黄原胶、羟乙基纤维素等。④增溶剂：一般为亲水性强的非离子表面活性剂，如聚氧乙烯脂肪醇醚、聚山梨醇系列、聚氧乙烯氢化蓖麻油。⑤溶剂及其他：水、乙醇及香精、色素、防腐剂等。

（2）紧肤水：又称收敛水、收缩水。这是一种具有收敛皮肤毛孔、绷紧皮肤的化妆品，适合于油性皮肤和皮肤毛孔粗大者使用。紧肤水的成分除了前述的润肤剂、保湿剂等外，还需要添加适当的收敛剂。收敛剂通常为能使皮肤表层的蛋白质成分凝结的一类物质。常用收敛剂为有机酸类和铝、锌、铋盐类等。

四、配方及工艺

1. 保湿嫩肤水的制备

（1）配方组成：本实验所需配方组成见表 6-4。

表 6-4　配方组成

相别	原料编号	原料商品名称	化学名称	质量分数/%	备注
A	1	PDO	丙二醇	3.0	
	2	甘油	丙三醇	4.0	
	3	甲酯	对羟基苯甲酸甲酯	0.1	
	4	水	去离子水	加至 100	
B	5	NMF-50	三甲胺甘氨酸	1	
C	6	杰马 BP	双（羟甲基）咪唑烷基脲碘代丙炔基丁基氨基甲酸酯（IPBC）	0.4	
D	7	香精		0.02	
	8	CO-40	聚氧乙烯氢化蓖麻油	0.1	

注：可以用透明质酸水溶液代替 NMF-50

（2）实验步骤

1）将 A 相搅拌加热至 90℃后，冷却降温。

2）降温冷却到 50℃后，加入 B 相搅拌均匀。

3）降温冷却到 40～45℃后，加入 C 相、D 相搅拌均匀。

4）将产品静置过夜后，参照 QB/T 2660-2004 对其感官、理化及卫生指标进行检验，经检验合格后即可装瓶。

2. 防敏收缩水的制备

（1）配方组成见表 6-5。

表 6-5　配方组成

相别	原料编号	原料商品名称	化学名称	质量分数/%	备注
A	1	PDO	丙二醇	3.0	
	2	BDO	1，3-丁二醇	4.0	
	3	NMF-50	三甲胺甘氨酸	1	
	4	EDTA-2Na	乙二胺四乙酸二钠	0.05	
	5		甘草酸二钾	0.5	抗过敏剂
	6	甲酯	对羟基苯甲酸甲酯	0.1	
	7		L-乳酸	1	收敛剂
	8		L-乳酸钠	3	
	9	水	去离子水	加至 100	
B	10	杰马 BP	双（羟甲基）咪唑烷基脲碘代丙炔基丁基氨基甲酸酯（IPBC）	0.2	
C	11	Azone	水溶性月桂氮䓬酮	0.5	
D	12	香精		0.02	
	13	CO-40	聚氧乙烯氢化蓖麻油	0.1	

（2）实验步骤

1）将 A 相搅拌加热至 90℃后，冷却降温。

2）降温冷却到 50℃后，加入 B 相搅拌均匀。

3）降温冷却到 40～45℃后，加入 C 相、D 相搅拌均匀，经检验合格即可。

五、思考题

1. 简要说明爽肤水的基本组成。
2. 简要说明爽肤水生产工艺。
3. 常用保湿剂主要有哪些？

实验十一　凝胶剂的配制

一、实验目的

1. 掌握凝胶剂的制备方法。
2. 熟悉凝胶剂的主要组成及质量要求。

二、实验仪器

本实验所需仪器见表 6-6。

表 6-6　主要仪器

仪器名称	规格	数量
烧杯	50ml	1 个/组
	100ml	2 个/组
	200ml	2 个/组

续表

仪器名称	规格	数量
温度计	0～100℃	1 支/组
电热套	500ml、控温仪	1 个/组
搅拌器		1 台/组
玻璃棒		1 支/组
电子天平		1 台/两组

三、实验原理

1. 凝胶剂的定义 凝胶是一类含有两组或以上的包含液体的外观为透明或半透明的半固体胶冻和其干燥体系（干胶）大分子的网络体系的通称。国内常称"啫喱"。

凝胶性质介于固体和液体之间，为高分子物质的一种特有结构状态。凝胶化妆品是较新的一类化妆品。凝胶有水溶性凝胶和油溶性凝胶两类，水溶性凝胶中含有较多的水分，可以补充给皮肤，具有保湿及清爽的效果，适用于干性皮肤和夏季使用；而溶性凝胶含有较多的油分，对皮肤具有保湿、滋润作用，适用于干性皮肤和冬天使用。

2. 凝胶剂的主要原料

（1）凝胶剂：这是一种使产品形成凝胶的物质，目前在化妆品中主要使用的凝胶剂主要有天然胶质和水溶性高分子化合物，如汉生胶、海藻酸钠、明胶、羧甲基纤维素钠、羟乙基纤维素钠、聚季铵盐-10、丙烯酸聚合物系列或丙烯酸酯共聚物等。

（2）中和剂：丙烯酸聚合物形成凝胶是在碱的中和作用下形成的，常用的中和剂有强碱，如氢氧化钠或弱碱，如三乙醇胺，中和剂的用量控制在使凝胶的 pH=7 左右。

3. 凝胶剂的质量要求

（1）混悬凝胶剂中颗粒应分散均匀，不应下沉结块，并应在标签上注明"用前摇匀"。

（2）凝胶剂必要时可加入保湿剂、防腐剂等。

（3）除特殊规定外，凝胶剂应放置在避光密闭容器中，置于阴凉处储存，并防止结块。

（4）凝胶剂应安全、无毒、无刺激性。

四、配方及工艺

1. 保湿凝胶的制备

（1）配方组成见表 6-7。

表 6-7 配方组成

相别	原料编号	原料商品名称	化学名称	质量分数/%	备注
A	1	卡波 940	交联聚丙烯酸树脂	0.6	预分散
	2	BDO	1，3-丁二醇	4.0	
	3	PDO	丙二醇	4.0	
	4	甲酯	对羟基苯甲酸甲酯	0.1	
	5	水	去离子水	加至 100	
	6	NMF-50	三甲胺甘氨酸	2.0	
B	7	TEA	20%三乙醇胺	3.0	

续表

相别	原料编号	原料商品名称	化学名称	质量分数/%	备注
C	8	芦芭胶 CG	聚甲基丙烯酸甘油酯	5.0	
	9	水溶性香精		0.1	
	10	杰马 BP	双（羟甲基）咪唑烷基脲碘代丙炔基丁基氨基甲酸酯（IPBC）	0.3	

（2）实验步骤

1）量取蒸馏水、BDO、PDO 混合，搅拌均匀。

2）另称取卡波 2020，在慢速搅拌下加热使其溶解完全，恒温 80℃。加入甲酯、NMF-50，搅拌均匀后，降温至 50℃。

3）加入适量三乙醇胺，调节 pH 为 5~6 后，加入 C 组分，搅拌冷却至 35℃，产品经检验合格后即可。

2. 去斑凝胶的制备

（1）配方组成见表 6-8。

表 6-8　配方组成

相别	原料编号	原料商品名称	化学名称	质量分数/%	备注
A	1	卡波 2020	交联聚丙烯酸树脂	0.5	预分散
	2	BDO	1，3-丁二醇	4.0	
	3	PDO	丙二醇	6.0	
	4	水	去离子水	加至 100	
B	5	EDTA-2Na	乙二胺四乙酸三钠	0.05	
	6	NMF-50	三甲胺甘氨酸	3.0	
	7	甲酯	对羟基苯甲酸甲酯	0.1	
C	8	TEA	20%三乙醇胺	适量	控制 pH 5~6
D	9	熊果苷		5.0	美白去斑剂
	10	SHS	亚硫酸氢钠		
	11	Azone	月桂氮䓬酮	0.5	促渗透剂
	12	CO-40	氢化蓖麻油	0.2	
	13	DEP-11	聚氧乙烯	1.5	美白去斑剂
	14	水溶性香精	十一碳烯酰苯基氨酸	0.05	
	15	杰马 BP	双（羟甲基）咪唑烷基脲碘代丙炔基丁基氨基甲酸酯（IPBC）	0.3	

（2）实验步骤

1）量取蒸馏水、BDO、PDO 混合，搅拌均匀。

2）另称取卡波 2020，在慢速搅拌下加热使其溶解完全，恒温 80℃。加入甲酯、EDTA、NMF-50，搅拌均匀后，降温至 50℃。

3）加入适量三乙醇胺，调节 pH 为 5~6 后，加入 D 组分，搅拌冷却至 35℃，产品经检验合格后，即可。

五、思考题

1. 什么叫凝胶剂化妆品？

2. 凝胶剂化妆品的主要组成有哪些?
3. 凝胶剂化妆品与乳液类化妆品相比具有哪些优点?

实验十二　东方型香水的配制

一、实验目的

1. 掌握调配东方型香水所需的各种合成香料和天然香料的香气、香韵的特点。
2. 了解并掌握组成东方型香水的几路香韵及其各自的质量分数。
3. 掌握东方型香水的配制。

二、实验原理

根据东方型香水的香气特征,可选择性地使用各种香原料,调配出香韵和谐的东方型香水。

三、实验仪器

本实验所需仪器见表6-9。

表6-9　主要仪器

仪器名称	规格	数量
烧杯	25ml	1 个/组
烧杯	100ml	1 个/组
辨香纸		5 条/组
滴管	1ml	2 支/组
玻璃棒		1 支/组
电子天平		1 台/两组

四、配方组成

本实验所需配方组成见表6-10。

表6-10　配方组成

原料编号	原料名称	质量分数/%	原料编号	原料名称	质量分数/%
1	龙蒿	0.5	10	茉莉油	0.3
2	合成麝香	0.5	11	玫瑰油	0.3
3	香兰素	1.8	12	叔丁基对羟基茴香醚	0.05
4	岩兰草	1.2	13	沉香醇	0.5
5	当归	0.1	14	檀香脑	1.0
6	龙涎香醇	0.5	15	香紫苏	0.5
7	麝香酮	0.5	16	广霍香	0.3
8	甲基紫罗兰酮	1.0	17	薰衣草	0.1
9	橡苔	1.2	18	异丁香酚	0.6

续表

原料编号	原料名称	质量分数/%	原料编号	原料名称	质量分数/%
19	香豆素	0.3	22	肉桂酸乙酯	0.5
20	依兰油	1.2	23	乙醇	加至100
21	香柠檬	5.0			

五、实验步骤

1. 在实验架上找出所需的合成香料和天然香料。
2. 对这些香原料进行辨香，熟悉并掌握各种香原料的外观及其香韵特性。
3. 根据所配东方型香水的特点，拟定初步的理论配方。
4. 在电子天平上进行小样的调配，经过反复评香，调整东方型香水的配方结构至所需香水香气的特征。
5. 在香水中加入抗氧化剂叔丁基对羟基茴香醚，搅拌至溶解，静置。

六、实验结果

对所配制的香水产品进行香气评价。

七、思考题

1. 香水类化妆品用乙醇应如何处理。
2. 对调配的东方型香水进行香气评价。
3. 对最终得到的东方型香水配方加以解说。

实验十三   康乃馨香水的配制

一、实验目的

1. 掌握调配康乃馨香水所需的各种合成香料和天然香料的香气、香韵的特点。
2. 了解并掌握组成康乃馨香水的几路香韵及其各自的质量分数。
3. 掌握康乃馨香水的配制。

二、实验原理

根据康乃馨香水的香气特征，可选择性地使用各种香原料，调配出香韵和谐的康乃馨香水。

三、实验仪器

本实验所需仪器见表6-11。

表 6-11   主要仪器

仪器名称	规格	数量
烧杯	50ml	1个/组
烧杯	100ml	1个/组

续表

仪器名称	规格	数量
辨香纸		5 条/组
滴管	1ml	2 支/组
玻璃棒		1 支/组
电子天平		1 台/两组

四、配方组成

本实验所需试剂见表 6-12。

表 6-12　配方组成

原料编号	原料名称	质量分数/%	原料编号	原料名称	质量分数/%
1	香叶醇	2.0	9	甲基紫罗兰酮	5.0
2	羟基香草醇	5.0	10	吲哚（10%溶液）	2.0
3	桂酸戊酯	4	11	乙酸苄酯	4.0
4	松油醇	8.0	12	葵子麝香	5.0
5	丁香酚	10.0	13	酮麝香	5.0
6	异丁香酚	15.0	14	乙醇	加至 100
7	芳樟醇	5.0	15	邻氨基苯甲酸甲酯	3.0
8	叔丁基对羟基茴香醚	0.05			

五、实验步骤

1. 在实验架上找出所需的合成香料和天然香料。
2. 对这些香原料进行辨香，熟悉并掌握各种香原料的外观及其香韵特性。
3. 根据所配康乃馨香水的特点，拟定初步的理论配方。
4. 在电子天平上进行小样的调配，经过反复评香，调整康乃馨香水的配方结构至所需香水香气的特征。
5. 在香水中加入抗氧化剂叔丁基对羟基茴香醚，搅拌至溶解，静置。

六、实验结果

对所配制的香水产品进行香气评价。

七、思考题

1. 对调配的康乃馨香水进行香气评价。
2. 对最终得到的康乃馨香水配方加以解说。

第七章

洁肤类化妆品

洁肤类化妆品即是去除皮肤上的污物、汗液、皮脂、其他分泌物、脱屑细胞、微生物及美容化妆品的残留物,以保持皮肤卫生健康的日用化学品。近年来,清洁皮肤用化妆品更加着重于温和,安全,使洁肤和皮肤护理有机地结合。

(1)无水清洁霜和油剂:无水清洁剂是一类全油性组分混合而制成的产品,主要含有白矿油、凡士林、羊毛脂、植物油和一些酯类等,主要用于除去面部或颈部的防水性美容化妆品和油溶性污垢。近年来,在一些较新的无水清洁霜中,添加中等至高含量的酯类或温和的油溶表面活性剂,使其油腻性减少,肤感更舒适,也较易清洗。有些配方制成凝胶制品,易于分散,可用纸巾擦除。

(2)油包水(W/O)型清洁霜和乳液:冷霜是典型的 W/O 型清洁霜,蜂蜡-硼砂体系是冷霜的主要乳化剂体系。近年来,一些新的 W/O 型乳化剂、精制蜂蜡、合成蜂蜡、蜂蜡衍生物和其他合成或天然蜡类也已开始应用于 W/O 型乳化体系。制备 W/O 型清洁霜还可使用一些非离子表面活性剂作为乳化体系,有时添加少量的蜂蜡作为稠度调节剂。

(3)水包油(O/W)型清洁霜和乳液:是一类含油量中等的轻型洁肤产品。近年来很流行,也受消费者欢迎。一般洗面奶多属此种类型的产品。这类产品种类繁多,可满足各种不同类型消费者的需求。

(4)温和表面活性剂为基质的洁肤乳液:这类皮肤清洁剂是温和起泡的,一般在浴室内使用,使用后需用水冲洗。其对皮肤的作用比一般香皂缓和,且易于添加各种功能制剂(如水溶性聚合物、杀菌剂、酶类和氨基酸其他活性成分)以便赋予产品特有的功效。这类洁肤制剂颇受消费者的喜爱。

(5)含酶或抗菌剂的洁肤剂:这类洁肤剂具有洁肤、抑菌和消毒作用,对皮肤作用温和。此类洁肤剂含有缓冲性的酸类,可使皮肤保持其正常的 pH。

(6)含磨料的洁肤剂:是一类含有粒状物质的 O/W 型乳液(无泡)或温和浆状物(有泡)。一般含有球状聚乙烯、尼龙、纤维素、二氧化硅、方解石、研细种子皮壳的粉末、芦荟粉等。这类洁肤剂的目的是通过轻微的摩擦作用去除皮肤表面的角质层并磨光皮肤,但应注意过度摩擦会造成刺激作用。

(7)凝胶型洁肤剂:俗名为啫喱型洁肤剂,主要指含有胶黏质或类胶黏质、呈透明或半透明的产品。凝胶型产品包括无水凝胶、水或水一醇凝胶、透明乳液、透明凝胶香波和其他凝胶产品。透明凝胶产品外观诱人,单相凝胶体系有较高的稳定性,与其他剂型产品比较,凝胶更易被皮肤吸收。这类产品适用于油性皮肤的消费者,添加少量防治粉刺的活性物和消毒杀菌剂,对痤疮粉刺有一定的治疗和预防作用。

(8)温和表面活性剂洁肤皂:洁肤皂使用的历史很长,仍然是流行较广的洁肤剂。近年来,含有温和表面活性剂的洁肤剂受到消费者的欢迎。这类产品对皮肤作用温和,在浴室内使用很方便。

本章将开设五个实验,分别为细密高泡皂基洁面膏的配制及评价、乳液类洗面奶的配制及评价、珠光调理洗发香波的配制、沐浴露的配制及性能检测、洗手液的配制及性能检测。产品感官、理化及卫生指标参考 DB53/T 252-2008 执行。

实验十四　细密高泡皂基洁面膏的配制及评价

一、实验目的

1. 掌握皂基洁面膏中各组分的性能及其作用。
2. 掌握皂基洁面膏的制备工艺。
3. 熟悉皂基洁面膏制备过程中出现的问题。
4. 掌握产品质量评价

二、实验仪器

本实验所需仪器见表 7-1。

表 7-1　主要仪器

仪器名称	规格	数量
烧杯	100ml	2 个/组
	200ml	2 个/组
温度计	0～100℃	1 支/组
电热套	500ml、带控温仪	1 个/组
搅拌器		1 台/组
玻璃棒		1 支/组
电子天平		1 台/两组
高速均质机	每室 1 台	
旋转黏度计	每室 1 台	

三、实验原理

1. 皂基洁面膏配方结构　脂肪酸、中和剂（碱）、多元醇、表面活性剂、乳化剂、润肤剂、其他辅料、水。其中脂肪酸盐（皂基）是构成洁面膏体系的基本骨架，主要起发泡作用和清洁作用，产品的稳定性、清洁能力、泡沫效果、珠光外观、刺激性等都取决于脂肪酸的选择和配比。

常用的脂肪酸有月桂酸、肉豆蔻酸、软脂酸及硬脂酸，根据各种酸的性质及对产品的要求的不同，一般采用一种酸为主体，其他酸为辅助的搭配比例。脂肪酸所产生的泡沫随着相对分子质量的增大而越来越细小，泡沫越来越稳定，但是泡沫生成的难度也越来越大，其中月桂酸产生的泡沫最大，也是最易消失，硬脂酸所产生的泡沫细小而持久。因此在配方中各种酸通过不同的配比方式可以给产品带来不同的泡沫性质和使用感受。

在这四种脂肪酸中，对最终产品的珠光效果影响最大的是肉蔻酸和硬脂酸，肉蔻酸产生的珠光性质是透明的类似于陶瓷表面釉层的乳白色珠光，而硬脂酸产生的珠光是一种强烈的白色闪光状珠光。因此，通过对各种脂肪酸的性质的分析，综合对产品的泡沫性质，珠光外观的要求，皂基洁面膏的配方中脂肪酸的搭配应该以肉蔻酸或硬脂酸为主体，其他酸为辅助的搭配方式。

脂肪酸在配方体系中的用量一般为 28%～35%，这主要是由生成的脂肪酸皂的性质决定的。在脂肪酸和碱的中和度保持不变的情况下，脂肪酸的用量直接影响到最终产品的结膏稳定性和硬度，脂肪酸的用量增大，产生的脂肪酸皂的量增大，产品的结膏温度也将增大，硬度也将增大，可能会导致产品在还没有完全皂化的情况下体系就已经结膏了，影响下一步工艺的顺利进行。

中和剂主要有氢氧化钾、氢氧化钠、三乙醇胺等，但由于氢氧化钠生成的皂体太硬，不适合用于化妆品的生产，而三乙醇胺的生成皂易变色，因此中和剂就只能选用氢氧化钾。

氢氧化钾的用量取决于脂肪酸的中和度，一般皂基的中和度控制为 75%～85%，这主要有以下原因：①中和度过低，会导致体系不稳定；②中和度过高会导致产品的刺激性增加和皂化液的黏度过高。通常选择脂肪酸的中和度为 80%左右，脂肪酸与氢氧化钾反应后生成脂肪酸钾。

其化学反应方程式：RCOOH+KOH=RCOOK

多元醇主要有甘油、丙二醇及 1, 3-丁二醇三种，多元醇在洁面膏的配方体系中主要起到分散或溶解脂肪酸皂的作用。如果体系中单独使用甘油，用量一般应该在 20%以上。如果使用复合脂肪醇的话，其用量可以适当减少。

乳化剂在皂基洁面膏的作用主要起到提高体系稳定性的作用，添加适量的乳化剂可以有效地解决膏体在高温时的稳定性并防止产品体系在恢复常温后出现泛粗的现象。常用的乳化剂可以选择磷酸酯类或单甘酯类乳化剂，其用量一般为 0.5%～2.0%。

表面活性剂在皂基洁面膏中的作用主要有以下几点：①对皂基的高 pH 具有缓冲作用，降低皂基的刺激性；②改善皂基的泡沫性质和使用时的肤感；③增加洁面膏体系的拉丝感。常用的表面活性剂有氨基酸类表面活性剂、MAP 类表面活性剂、磺酸类表面活性剂，表面活性剂用量一般控制在 10%左右。

2. 配方设计要求　皂基洁面膏应该具有外观洁白、有光泽，价格适中、黏度适宜（不易从软管流出）、泡沫丰富、质地细腻、无异常气味、无颗粒感，具有适当的洗净力和柔和的脱脂作用，洁肤后清爽不紧绷。

四、配方组成及工艺

本实验所需试剂见表 7-2。

表 7-2　配方组成

相别	原料编号	原料商品名称	化学名称	质量分数/%	备注
A	1	月桂酸	月桂酸（相对分子质量 200）	5.0	
	2	肉蔻酸	肉豆蔻酸（相对分子质量 228）	6.0	
	3	硬脂酸	硬脂酸（相对分子质量 284）	20.0	
	4	甘油	丙三醇	5.0	
	5	PEG400	聚乙二醇 400	15.0	
	6	BDO	1, 3-丁二醇	3.0	
	7	丙酯	对羟基苯甲酸丙酯	0.1	
	8	甲酯	对羟基苯甲酸甲酯	0.2	
B	9	KOH	氢氧化钾	6.1	
	10	EDTA-2Na	乙二胺四乙酸二钠	0.1	

续表

相别	原料编号	原料商品名称	化学名称	质量分数/%	备注
	11	水	去离子水	加至100	
C	12	M550	聚季铵盐-7	4.0	
	13	A165	单硬脂酸甘油酯/聚氧乙烯硬脂酸酯	1.5	熔化混合均匀
	14	AES	脂肪醇聚氧乙烯醚硫酸盐	8.0	
D	15	香精		0.3	

五、实验步骤

1. 将 A 相搅拌加热至 80～85℃，至全熔，保温搅拌 5min 以上；
2. 将 B 相搅拌加热至 85～90℃，完全溶解，保温搅拌 10min 以上；
3. 将 B 相加入 A 相中，搅拌速度由慢到快，确保所形成皂团被打散；
4. 保持 80℃以上温度皂化 45～60min，中等搅拌速度消泡；
5. 皂化结束后，降温至 60℃时，加入 C 组分，充分搅拌分散均匀；
6. 降温到 45℃后加入 D 组分，搅拌均匀后，出料。

六、产品性能评价参考附件 GT/B29680-2013

白色珠光外观，高低温稳定性好，产品泡沫细密丰富，使用时能够在手上形成一层细腻柔滑的泡沫层，避免手部与面部皮肤直接摩擦造成对皮肤的损伤。洗面时肤感细腻柔滑，洗后无紧绷感和发干发涩感。

1. **取样**　以稠度为评价指标，分别评价将产品从瓶中倒出、挤出、用食指将产品从瓶中挑出稠度。

2. **涂抹**　根据产品的性质和功能，用手指尖把产品分散在皮肤上，以每秒 2 圈的速度，轻轻地作圆周运动，再摩擦皮肤一段时间，然后评价其效果，主要包括分散性和吸收情况。

3. **清洁后肤感**　将产品装入相同管径的软管中，挤出 1.5cm 的膏体涂在手心，加入少量水，搓洗出泡沫（15s），然后将泡沫涂抹脸部，按摩清洁 30s，用清水冲洗干净，采用干净的干毛巾拭干水分，测试 30s 后肌肤的感觉，分为干涩、紧绷、滋润。

4. **pH 测定**　以 GB/T13531.1《化妆品通用检验方法 pH 值测定》。

5. **黏度测定**　样品恒温后，选择合适的转子，用数显黏度计测定样品在不同转速下的黏度。

6. **耐热性能测试**　样品置于 45℃生化培养箱中，固定时间段（15 日、30 日等），取出，室温放置，考察其外观形态、黏度等性能的变化。

7. **耐寒性能考察**　样品置于 -15℃冰箱中，固定时间段（15 日、30 日等），取出，室温放置，考察其外观形态、黏度等性能的变化。

8. **起泡速度**　将洁面膏配制成 3%的水溶液 100g，放置于 250ml 称量杯中，用磁力电动搅拌器搅拌 30min，溶解完全；采用数显搅拌器将搅拌速度调至 1000r/min，搅拌 30s，停止搅拌，采用直尺测量泡沫高度。

9. **泡沫总量**　将洁面膏配制成 3%的水溶液 100g，放置于 250ml 称量杯中，用磁力电动搅拌器搅拌 30min，溶解完全；采用数显搅拌器将搅拌速度调至 1000r/min，搅拌 3min，停止搅拌，采用直尺测量泡沫高度。

七、思考题

1. 如何增强皂基洁面膏的稳定性？
2. 如何解决皂基洁面膏的分层问题？

实验十五   乳液类洗面奶的配制及评价

一、实验目的

1. 学习清洁护肤化妆品的基本知识。
2. 初步掌握配制乳液类化妆品的基本操作技术。

二、实验仪器

本实验所需仪器见表 7-3。

表 7-3   主要仪器

仪器名称	规格	数量
烧杯	100ml	2 个/组
	200ml	2 个/组
温度计	0～100℃	1 支/组
电热套	500ml（带控温仪）	1 个/组
搅拌器		1 台/组
玻璃棒		1 支/组
电子天平		1 台/两组
旋转黏度计	每室 1 台	

三、实验原理

乳液类洗面奶是一种液体的冷霜。它能去除皮肤表面的污物，油脂、坏死细胞的皮屑及涂抹在面部的粉底霜、唇膏、胭脂、眉笔和眼影膏等，同时能使皮肤柔软、润滑并能形成一层保护膜，是一种优良的面部清洗和美容用品。乳液类洗面奶主要含有水分，油脂和表面活性剂等组分，属于 O/W 型乳化体系。在表面活性剂和机械搅拌的作用下，油脂被高度分散到水相中，成为均匀的乳化体。

由于乳液类化妆品容易流动，黏度较低，因而其稳定性是最重要的。为了提高其乳化体系的稳定性，除了原料配比合理、乳化剂选择正确以外，还需要使用高效率的均质设备，以获得颗粒细腻均匀，油水不易分离的稳定乳化体系。

四、配方及工艺

本实验所需试剂见表 7-4。

表 7-4 配方组成

相别	编号	原料名称	质量分数/%	备注
A	1	硬脂酸	5	
	2	白油	23	
	3	十六/十八醇	2	
	4	司盘 60	1	
	5	A165	2	
	6	尼泊金甲酯	0.4	
	7	尼泊金丙酯	0.2	
B	8	丙二醇	0.1	
	9	吐温 60	2	
	10	三乙醇胺	2	可用 NaOH 代替
	11	去离子水	加至 100	
C	12	香料	少量	
	13	色素	少量	
	14	防腐剂	少量	

五、实验步骤

1. 将 A 相、B 相分别同时加热到 85℃。

2. 将 A 相加入 B 相中，搅拌均质 2min。

3. 降温到 40℃，加入 C 相等搅拌均匀，经检验合格，即可。

六、产品检测

1. pH：4.5～8.5（按 GB/T 13531.1 方法检测）。

2. 黏度（25℃），Pa.s：标准值±2.0。

3. 离心分离：2000r/min，30min 无油水分离（颗粒沉淀除外）。

4. 耐热：（40±1）℃，24h 恢复至室温无分层、变稀、变色现象。

5. 耐寒：（-10±1）℃，24h 恢复至室温无分层、泛粗、变色现象。

6. 瓶装产品容量允差：每瓶≤100ml±2.5%，每瓶＞100g±2.0%。

七、思考题

1. 简要说明洗面奶的主要组成及各原料的主要作用。

2. 简要说明洗面奶与洗发水的主要区别。

实验十六 珠光调理洗发香波的配制

一、实验目的

1. 掌握珠光调理洗发香波的配制工艺。

2. 了解珠光调理洗发香波中和组分的作用及配方原理。

3. 了解 NaCl 对黏度的影响。

二、实验仪器

本实验所需仪器见表 7-5。

表 7-5   主要仪器

仪器名称	规格	数量
烧杯	100ml	2 个/组
	200ml	2 个/组
温度计	0～100℃	1 支/组
电热套	500ml（带控温仪）	1 个/组
搅拌器		1 台/组
玻璃棒		1 支/组
电子天平		1 台/两组
旋转黏度计	每室 1 台	

三、实验原理

珠光调理洗发香波是一种以表面活性剂为主要组成的洗发用化妆品。它不但能清除头发上的污垢，还对头发有一定的调理、滋润、柔顺、去屑止痒等作用。珠光调理洗发香波是目前市面上比较流行和受欢迎的主要洗发用品之一。

1. 配方设计原则   好的洗发水具有适当的洗净力和柔和的脱脂作用；能形成丰富而持久的泡沫；具有良好的梳理性；洗后的头发具有光泽、潮湿感和柔顺感；洗发香波对头发、头皮和眼睛要有高度的安全性；易洗涤、耐硬水，在常温下具有良好的洗涤效果；具有较好的去头屑、治头癣及止痒等功效；黏度相对稳定。在配方设计时，除了遵循以上原则外，还应注意配方各组分良好的配伍性。

2. 珠光调理洗发香波常用组成及作用   主要组成成分是由表面活性剂和一些添加剂组成。表面活性剂又分为主表面活性和辅助表面活性剂两类。主要表面活剂通常要求泡沫丰富、易扩散、易清洗、去污力强，并具有一定的调理作用。辅助表面活性剂通常要求具有一定的增稠、稳泡作用，洗后能使头发易于梳理、易定形、光亮、快干、去屑止痒、抗静电及良好的珠光效果，且能与主剂具有良好的配伍性。

常用的主表面活性剂有：阴离子型表面活性剂：脂肪醇硫酸盐、脂肪醇聚氧乙烯醚磺酸盐、酯基磺酸盐、烯基磺酸盐、N-油酰甲基牛磺酸盐等。非离子型表面活性剂：烷基醇酰胺、氧化胺、烷基多糖苷。

常用的辅助表面活性剂有油酰氨基酸钠（雷米邦）、聚氧乙烯山梨醇酸酯（吐温）、十二烷基二甲基甜菜碱（BS-12）及咪唑啉型甜菜碱等。

香波的添加剂主要有以下几种。

增稠剂：烷基醇酰胺、聚乙二醇硬脂酸酯、羧甲基纤维素钠、氯化钠、氯化铵等。

增溶剂：乙醇、丙二醇、二甲苯磺酸钠、尿素。

珠光剂或遮光剂：硬脂酸乙二醇酯（单、双）、十六/十八醇、硅酸铝镁、硬脂酸镁等。

螯合剂：EDTA、柠檬酸钠、三聚磷酸盐、六偏磷酸盐、酒石酸盐、葡萄糖酸盐等。

抗静电柔顺剂：两性离子表面活性剂，如甜菜碱、氨基酸，聚阳离子表面活性剂，如聚季铵盐-10、聚季铵盐-7、聚季铵盐-47、阳离子瓜尔胶等。

pH 调节剂：柠檬酸、乳酸、硼酸、三乙醇胺、二乙醇胺、碳酸氢钠、碳酸盐等。

去屑止痒剂：S、SeS、ZPT、甘宝素、Octopirox（OCT）、水杨酸甲酯、薄荷醇等。

防腐剂：尼泊金酯、布罗波尔、极美、凯松、苯甲酸钠等。

滋润剂：液状石蜡、甘油、聚硅氧烷等。

营养剂：羊毛脂衍生物、氨基酸、水解蛋白、维生素等。

赋脂剂：能使头发光滑、流畅的一类物质，多为油、脂、醇、酯类原料，如橄榄油、高级醇、高级脂肪酸酯、羊毛脂及其衍生物及聚硅氧烷等。

香精及色素：香精主要以水果香型、花香型及草香型等；色素主要以珠光色、乳白色、苹果绿色、橙色、粉红色等为主。

四、配方设计

本实验所需试剂见表 7-6。

表 7-6　配方组成

代号	化学名称	质量分数/%
AES-Na	脂肪醇聚氧乙烯醚磺酸钠（70%）	16
6501	椰子油脂肪酸二乙醇酰胺（70%）	5
BS-12	十二烷基二甲基甜菜碱（30%）	5
K12	十二烷基硫酸盐	2
十六/十八醇	高级脂肪醇	0.5
珠光片	硬脂酸乙二醇双酯	2.5
活力锌 ZPT	吡啶硫酮锌	0.3
单甘酯	单硬酯酸甘油酯	0.3
乳化硅油		1.6
阳离子瓜尔胶		0.2
聚季铵盐-7	二甲基二烯丙基氯化铵-丙烯酰胺共聚物	0.5
Tab-2	邻苯二甲酸烷基酰胺	1.5
甘油	丙三醇	3.0
凯松	异噻唑啉酮类化合物	0.4
尼泊金甲酯	对羟基苯甲酸甲酯	0.1
NaCl		适量
色素		适量
柠檬酸		适量
苯甲酸钠		适量
香精		适量
去离子水		加至 100

五、实验步骤

1. 将十六/十八醇、单甘酯、珠光片、尼泊金甲酯及 Tab-2 加热至 75℃使其溶解完全，恒温存放记为 I 号。

2. 将阳离子瓜尔胶、聚季铵盐和甘油分散均匀，加入 1/3 去离子水和 6501，加热溶解成为透明均匀溶液，恒温 60℃后，保存记为Ⅱ号。

3. 将 2/3 去离子水、AES-Na、BS-12 放入烧杯中加热至 75℃，恒温慢速搅拌，使其完全溶解后，加入 K12，停止加热（此过程应慢速搅拌避免产生大量泡沫），记为Ⅲ号。

4. 将Ⅰ号加入Ⅲ号中并缓慢搅拌，直到混合完全，75℃恒温 15min。待温度降至 60℃左右，将Ⅱ号一并加入体系中，继续缓慢搅拌。

5. 当温度降至 45℃时，加入香精、乳化硅油、ZPT、凯松，并补充因加热而蒸发的水分；调节 pH。

6. 用 NaCl 调节体系的黏度，NaCl 的加入量分别为 0、0.2%、0.5%、1.0%、2.0%，并测定其黏度，直到满意为止。

六、结果记录及讨论

实验结果记录于表 7-7 中。

表 7-7   结果记录

NaCl 用量/%	0	0.2	0.5	1.0	2.0
体系黏度/mPa.s					

七、思考题

1. 简述配方中洗发水中各组分的主要作用。
2. 影响洗发水珠光效果的因素有哪些？
3. 如何提高产品的珠光效果？

实验十七　沐浴露的配制及性能检测

一、实验目的

1. 了解主要洗涤用表面活性剂的性质。
2. 掌握沐浴露的基本配方原理及各种原料在配方中的作用。
3. 掌握沐浴露的基本配制工艺。

二、实验仪器

本实验所需仪器见表 7-8。

表 7-8   主要仪器

仪器名称	规格	数量
烧杯	100ml	2 个/组
	200ml	2 个/组
温度计	0～100℃	1 支/组
电热套	500ml、控温仪	1 个/组
搅拌器		1 台/组

续表

仪器名称	规格	数量
玻璃棒		1 支/组
电子天平		1 台/两组
旋转黏度计		每室 1 台

三、实验原理

沐浴露是常用的个人皮肤清洁用品，主要功能是清洗干净黏附于人体皮肤上的过量油脂、污垢、汗渍和人体分泌物等，保持身体的清洁卫生。其主要原料为如下几种。

（1）表面活性剂：是沐浴露的主要成分，它利用自身的吸附、降低表面张力、渗透、乳化、增溶、分散等作用，赋予产品优良的脱脂力、去污力和丰富的泡沫。目前大多数沐浴露配方还是以选用阴离子表面活性剂为主，再加上部分两性离子表面活性剂作为辅助。配制沐浴露常用的表面活性剂品种有以下几种：十二醇硫酸钠（K_{12}）、十二醇硫酸铵（$K_{12}A$）、十二醇聚氧乙烯醚硫酸钠（AES）、十二醇聚氧乙烯醚硫酸铵（AESA）、单月桂酸甘油酯硫酸钠、脂肪醇聚氧乙烯醚磺基琥珀酸单酯二钠（MES）、十二烷基甜菜碱（BS-12）、椰油酰胺甜菜碱（CAB）、N-烷基取代-β-丙氨酸盐。

（2）皮肤护理剂：为了避免表面活性剂的过分脱脂造成皮肤干燥，除了应选择使用温和型的表面活性剂之外，配方里还应当加入一些皮肤护理剂。包括润肤剂、杀菌消毒剂、保水剂及其他药用成分。

润肤保湿剂可以选择改性纤维素衍生物或者相对分子质量比较大，可溶于水、沸点高的醇类物质，如甘油、乙二醇、山梨醇、多甘醇等。珠光型和乳液型的产品还可以通过乳化的方式加入油脂类的润肤剂，如支链的酯类、聚氧乙烯化天然油脂、羊毛脂和硅油等，沐浴后直接在皮肤上留下一层油膜，补充因沐浴而失去的油脂成分，润肤效果更好。

（3）感官性添加剂：沐浴露的 pH 最好与人体皮肤的 pH 一致, pH 范围一般为 5.5～6.5。而且在此 pH 下甜菜碱等两性表面活性剂显示阳离子特性，可以发挥杀菌和柔软功效。通常使用柠檬酸来调节 pH。

甜菜碱型两性表面活性剂和烷醇酰胺、氧化胺等非离子表面活性剂本身就是增稠剂，调节其用量可以改变产品的黏稠度。此外,可以使用一些水溶性聚合物,如聚乙二醇(6000)、Carbopol 树脂、纤维素衍生物等，以及氯化钠、氯化铵、硫酸钠等无机盐也可以增加产品的黏稠度。合适的黏稠度可以增加产品的稳定性，不容易分层。

加入珠光片或珠光浆则可以配制出美观的珠光型沐浴露产品。还要加入防腐剂、色素和香精等。

四、实验配方及配制工艺

1. 沐浴露（Ⅰ型）配方 1 及制备工艺　见表 7-9。

表 7-9　配方组成

原料编号	原料名称	质量分数/%	原料编号	原料名称	质量分数/%
1	70%AES-Na	10	3	6501	4.5
2	CAB	6.5	4	柠檬酸	0.1

续表

原料编号	原料名称	质量分数/%	原料编号	原料名称	质量分数/%
5	EDTA	0.2	8	香精	0.3
6	珠光片	1.0	9	去离子水	加至100
7	卡松	0.2			

制备工艺：先将去离子水，EDTA 加入配料锅，升温至 75℃，依次加入 CAB、6501、AES 搅拌均匀，再将溶解好的珠光片搅拌均匀，待所有的原料都溶解后，开启冷却水进行冷却，慢慢搅拌，至 45℃后，加入柠檬酸调节 pH，加入卡松和香精，继续冷却至 35℃出料。

2. 沐浴露（Ⅰ型）配方 2 及工艺　见表 7-10。

表 7-10　配方组成

原料编号	原料名称	质量分数/%	原料编号	原料名称	质量分数/%
1	K_{12}-NH_4	10	6	70%AES-NH_4	4.0
2	CAB	4.0	7	卡松	0.2
3	6501	3.5	8	珠光片	1.0
4	柠檬酸	0.1	9	香精	0.3
5	EDTA	0.2	10	去离子水	加至100

制备工艺：先将配方量约 1/3 的去离子水加入配料锅，依次加入 CAB、6501 搅拌均匀，再将柠檬酸、EDTA、珠光片搅拌均匀，然后边搅拌边将 70% K_{12}-NH_4 和 70%AES-NH_4 加入，加料的过程视稠度情况将剩余的去离子水加入搅拌均匀，升温至 75℃，待所有的原料都溶解后，开启冷却水进行冷却，到 45℃后，加入卡松和香精，继续冷却至 35℃出料。（注意：降温前应仔细观测所有的原料是否都已溶解，特别是珠光片和 K_{12}-NH_4）

3. 沐浴露（混合型）配方 3 及工艺　见表 7-11。

表 7-11　配方组成

原料编号	原料名称	质量分数/%	原料编号	原料名称	质量分数/%
1	70%AES-Na	15	6	30%月桂酸钾皂	18
2	CAB	4.0	7	卡松	0.2
3	6501	4.0	8	珠光片	1.3
4	柠檬酸	0.2	9	香精	0.3
5	EDTA	0.2	10	去离子水	加至100

制备工艺：

1）将月桂酸加热熔化并加热升温至 80℃。

2）将去离子水放入搅拌锅，再将 KOH 溶解，加热升温至 80℃，边搅拌边慢慢加入已熔化好的月桂酸，加完后维持 80℃继续皂化 30min，并使 pH9～9.5，然后边搅拌边冷却至 40℃出料。

3）依次将 AES、6501、CAB 加入开料锅，搅拌均匀，加热升温，边搅拌边将配方量一半的水加入，再将 EDTA、珠光片、柠檬酸加入搅拌均匀，将皂基加入搅拌均匀，边搅拌边将另一半水加入，升温至 75℃维持 70～75℃恒温 30min，使所有原料分散均匀。

4）开启冷却水，边搅拌边冷却至 45℃（冷却速度 0.5～1℃），将香精、防腐剂色素等加入，搅拌均匀并继续冷却至 38～40℃出料。

5）静置消泡，经检验合格后分装。

五、性能检测

1. pH 测定：按《化妆品安全技术规范（2015 版）》中规定的方法进行试验。测试温度为 25℃，用新煮沸并冷却的蒸馏水配制，液体或膏体产品的试验溶液质量浓度分别为 10%，采用 pH 酸度计进行测定。

2. 耐热稳定性测试：（40±2）℃的烘箱中放置 24h，取出恢复至室温时观察现象。

3. 耐寒稳定性：（−5±2）℃，24h 恢复至室温无分层、泛粗、变色现象。

4. 黏度测定：采用 NDJ-5S 测定其黏度（室温）。

5. 发泡性能测定：采用 rose 泡沫仪测定其起泡与稳泡性能。

六、思考题

1. pH 偏高或偏低时，该如何处理？
2. 如何调整体系的黏度？

实验十八　洗手液配制及其性能测定

一、实验目的

1. 掌握洗手液的配制原理、常用组成及各组分作用。
2. 掌握洗手液的稳定性、泡沫和黏度测试方法。
3. 了解洗手液去污性能测试方法。

二、实验仪器

本实验所需仪器见表 7-12。

表 7-12　主要仪器

仪器名称	规格	数量
烧杯	100ml	2 个/组
	200ml	2 个/组
温度计	0～100℃	1 支/组
电热套	500ml、控温仪	1 个/组
搅拌器		1 台/组
玻璃棒		1 支/组
电子天平		1 台/两组
旋转黏度计	每室 1 台	

三、实验原理

洗手液通常由表面活性剂、黏度调节剂、酸度调节剂、防腐剂及螯合剂等组成。一般要求阴离子型洗涤剂的表面活性剂含量不低于15%，非离子洗涤剂的表面活性剂含量不低于10%。

1）表面活性剂：具有良好的乳化和去污能力，能够产生泡沫，赋予洗手液基本的清洁功能和调节洗衣液黏度，主要是阴离子表面活性剂和非离子表面活性剂，阴离子表面活性剂有脂肪醇聚氧乙烯醚硫酸钠、月桂醇硫酸钠等；非离子表面活性剂，如脂肪醇聚氧乙烯（9）醚、壬基酚聚氧乙烯（10）醚、椰子油脂肪酸二乙醇酰胺等。

2）黏度调节剂：氯化钠、聚乙二醇类、水溶性聚合物等。

3）pH调节剂：调节洗手液的酸碱度，如柠檬酸、乳酸等。

4）防腐剂：防止微生物使洗手液腐败变质，如卡松。

5）螯合剂：螯合水中的金属离子，具有抗硬水功能，如磷酸盐、EDTA。

6）香精：赋香。

四、配方组成及工艺

表 7-13　配方组成

序号	名称	质量分数/%
1	AES	12
2	K$_{12}$	3
3	6501	2.5
4	NaCl	1.5
5*	卡波940	0.4
6	甘油	5
7	卡松	0.08
8	三乙醇胺	适量
9	香精	0.5
10	去离子水	余量

注：卡波940应预分散

本实验所需试剂见表7-13。

五、实验步骤

1. 准确称量卡波940，加入去离子水和甘油，充分溶解后，加入AES，将体系加热到60～70℃，搅拌溶解完全，得澄清透明液。

2. 往体系中加入K$_{12}$搅拌溶解，得澄清透明液。

3. 降温到50℃左右加入6501，搅拌溶解。

4. 用三乙醇胺调节pH至6～7。

5. 用氯化钠调稠度后，加入其他组分。

六、性能检测

1. pH测定：按《化妆品安全技术规范（2015版）》中规定的方法进行试验。测试温度为25℃，用新煮沸并冷却的蒸馏水配制，液体或膏体产品的试验溶液质量浓度分别为10%，采用pH酸度计进行测定。

2. 耐热稳定性测试：（40±2）℃的烘箱中放置24h，取出恢复至室温时观察现象。

3. 耐寒稳定性：（−5±2）℃，24h恢复至室温无分层、泛粗、变色现象。

4. 黏度测定：采用NDJ-5S测定其黏度（室温）。

5. 发泡性能测定：采用rose泡沫仪测定其起泡性及稳泡性能。

七、思考题

1. 简要说明洗手液与洗发水在配方组成上的相同点与不同点。

2. 简要说明洗手液的生产工艺。

第八章

彩妆类化妆品

    彩妆类化妆品是指涂敷于脸面、指甲等部位，达到修饰矫形、赋予色彩、增添魅力等作用的化妆品。彩妆类化妆品能使人的皮肤、面部轮廓、眼、鼻、唇体现出不同要求的美。例如，粉底霜能修正调整肤色；香粉能吸收分泌物、抑制油光、固定底妆，胭脂能使人面颊红润健康，给人充满活力的感觉；眼影能使眼睛显得美丽传情；眉笔、眼线笔及睫毛油的使用则使人看起来眉清目秀、睫毛长密、充满动人美感；唇膏不仅使唇部色彩艳丽，还可以修饰过大、过小或过厚、过薄的唇形，并使唇部薄膜保持滋润；指甲油则使指甲的方寸之地尽显修饰美。总之，彩妆类化妆品对人物形象美的塑造起重要的作用。

    彩妆类化妆品种类繁多，可分为修颜化妆品、眉眼部化妆品、唇部化妆品和指甲化妆品等。本章将开设五个实验，分别为唇膏的配制、指甲油的配制、染发剂的配制、卷发剂的配制、眉笔的配制。唇膏产品感官、理化及卫生指标参考 GB/T 26513-2011 执行，指甲油产品感官、理化及卫生指标参考 QB/T 2287-2011 执行。

实验十九　唇膏的配制

一、实验目的

1. 掌握唇膏的基本组成及制备工艺。
2. 了解唇膏生产的关键工艺。

二、实验仪器

本实验所需仪器见表 8-1。

表 8-1　主要仪器

仪器名称	规格	数量
烧杯	100ml	2 个/组
	200ml	2 个/组
温度计	0～100℃	1 支/组
电热套	500ml、控温仪	1 个/组
搅拌器		1 台/组
玻璃棒		1 支/组
电子天平		1 台/两组
旋转黏度计	每室 1 台	

三、实验原理

    唇膏（lip cream 或 lip gloss）是点敷于嘴唇，使其具有红润健康的色彩并对嘴唇起滋润保护作用的产品，是将色素溶解或悬浮在脂蜡基内制成的。

1. 唇膏特性　①组织结构好，表面细腻光亮，软硬适度，涂敷方便，无油腻感觉，涂敷于嘴唇边不会向外化开；②不受气候条件变化的影响，夏天不熔不软，冬天不干不硬，不易渗油，不易断裂；③色泽鲜艳，均匀一致，附着性好，不易褪色；④有舒适的香气；⑤常温放置不变形，不变质，不酸败，不发霉；⑥对唇部皮肤有滋润、柔软和保护作用；⑦对唇部皮肤无刺激性，对人体无毒害。

2. 唇膏的分类　一般来说，唇膏大致分为三种类型，即原色唇膏、变色唇膏和无色润唇膏。原色唇膏是最普遍的一种类型，有各种不同的颜色，常见的有大红、桃红、橙红、玫红、朱红等，由色淀等颜料制成，为增加色彩的牢附性，常和溴酸红染料合用。

变色唇膏内仅使用溴酸红染料而不加其他不溶性颜料，当这种唇膏涂用时，其颜色会由原来的浅橙色变为玫瑰红色，故而得名。

无色唇膏则不加任何色素，其主要作用是滋润柔软嘴唇、防裂、增加光泽。

3. 唇膏的组成

（1）唇膏的着色剂：是唇膏中极重要的成分，唇膏用的着色剂有两类：一类是溶解性染料，一类是不溶性颜料，两者可以合用或单独使用。

1）染料和染料溶剂：最常用的溶解性染料是溴酸红染料（包括二溴荧光素、四氯四溴荧光素等）。溴酸红染料不溶于水，能溶解于油脂，能染红嘴唇并使色泽持久牢附。单独使用它制成的唇膏表面是橙色的，但一经涂在嘴唇上，由于 pH 的改变，就会变成鲜红色，这就是变色唇膏，溴酸红虽能溶解于油、脂、蜡，但溶解性很差，一般需借助于溶剂。

通常采用的染料溶剂有：蓖麻油、C_{12}～C_{18} 脂肪醇、酯类、乙二醇、聚乙二醇、单乙醇酰胺等，因为它们含有羟基，对溴酸红有较好的溶解性，最理想的溶剂是乙酸四氢呋喃酯，但有一些特殊臭味，不宜多用。

2）颜料：是极细的固体粉粒，不溶解，经搅拌和研磨后混入油、脂、蜡基体中，制成的唇膏敷在嘴唇上能留下一层艳丽的色彩，且有较好的遮盖力，但附着力不好，所以必须与溴酸红染料同时并用。用量一般为 8%～10%。这类颜料有：铝、钡、钙、钠、锶等的色淀，以及氧化铁的各种色调，还有炭黑、云母、铝粉、氧氯化铋、胡萝卜素、鸟嘌呤等，其他颜料有二氧化钛、硬脂酸锌、硬脂酸镁、苯甲基铝等。

为了提高唇膏的闪光效果，一般加入珠光颜料，主要有：合成珠光颜料、氧氯化铋、云母-二氧化钛。普遍采用的是氧氯化铋，其价格较低。使用方法是将 70% 的珠光颜料分散加入蓖麻油中，制成浆状备用，待模成形前加入唇膏基质中，加珠光颜料的唇膏基质不能在三辊机中多次研磨，否则会失去珠光色调，这是因为多次研磨颗粒变细的缘故。

另外，为了化妆品企业更方便地使用颜料，有些颜料的生产厂家已将颜料用油分散成色浆的形式出售，这大大简化了唇膏的生产工艺。

（2）唇膏的基质原料：是由油、脂、蜡类原料组成的，是唇膏的骨架。理想的基质除对染料有一定的溶解性外，还必须具有一定的柔软性，能轻易地涂于唇部并形成均匀的薄膜，能使嘴唇润滑而有光泽，无过分油腻的感觉，亦无干燥不适的感觉，不会向外化开。同时成膜应经得起温度的变化，即夏天不软不熔、不出油，冬天不干不硬、不脱裂。为达此要求，必须适宜地选用油、脂、蜡类原料，常用的油、脂、蜡类如表 8-2 所示。

表 8-2　唇膏常用基质原料的性能和用途

物质	性能和用途
巴西棕榈蜡	熔点约在 83℃，有利于保持唇膏膏体有较高熔点而不致影响其触变性能。但用量过多会使成品的组织有粒子，一般不超过 5%为宜
地蜡	也有较高的熔点（61～78℃），且在浇模时会使膏体收缩而与模型分离，能吸收液状石蜡而不使其外析，但用量多时会影响膏体表面光泽，常与巴西棕榈蜡配合使用
微晶蜡	与白蜡复配使用，可防止白蜡结晶变化，改善基质的流变性，熔点较高
液状石蜡	能使唇膏增加光泽，但对色素无溶解力，且与蓖麻油配伍性差，不宜多用
可可脂	是优良的润滑剂和光泽剂，熔点（30～35℃）接近体温，很易在唇上涂开，但用量不宜超过 8%，否则时间久了会使表面凹凸不平，暗淡无光
凡士林	用于调节基质的稠度，并具有润滑剂作用，可改善产品的铺展性。大量使用会增加黏着性，但与极性较大的组分如蓖麻油混溶较困难
低度氢化的植物油	熔点 38℃左右，是唇膏中采用的较理想的油脂原料，性质稳定，能增加唇膏的涂抹性能
无水羊毛脂	光泽好，与其他油脂、蜡有很好的配伍性，耐寒冷和炎热，并能减少唇膏"出汗"的现象，但有臭味，易吸水，用量不宜多
鲸蜡和鲸蜡醇	都有较好的润滑作用。鲸蜡能增加触变性能，但熔点较低，易脆裂。鲸蜡醇对溴酸红有一定溶解能力，但对涂膜的光泽有不良影响，所以两者的用量均不宜太多
有机硅	使产品着妆持久、感觉轻质、不油腻、色彩不转移，并具有很好光泽度，使用方便
其他	常用的还有小烛树蜡、卵磷脂、蜡状二甲基硅氧烷、脂肪酸乙二醇酯和高分子甘油酯

（3）唇膏用香精：以芳香甜美适口为主。消费者对唇膏的喜爱与否，气味的好坏是一重要的因素。因此，唇膏用香精必须慎重选择，要能完全掩盖油、脂、蜡的气味，且具有令人愉快舒适的口味。唇膏的香味一般比较清雅，常选用玫瑰、茉莉、紫罗兰、橙花及水果香型等。因在唇部敷用，要求无刺激性、无毒性，应选用允许食用的香精，另外易成结晶析出的固体香原料也不宜使用。

四、配方组成

本实验所需试剂见表 8-3。

表 8-3　参考配方

组成	配方 1	配方 2	配方 3
蓖麻油	21	41	10
白凡士林	5	4	18
环状二甲基硅氧烷			8
聚二甲基硅氧烷	10	5	
单甘酯	10	10	15
巴西棕榈蜡	10	6	10
鲸蜡		5	10
角鲨烷			4
蜂蜡	8	9	
维生素 E			0.2
轻质矿物油		6	20
羊毛脂	10	9	4.7
溴酸红	2	5	
色浆	25		

续表

组成	配方 1	配方 2	配方 3
尿囊素			0.1
香精、抗氧剂、防腐剂	适量	适量	适量

注：1. 原色唇膏；2. 变色唇膏；3. 无色润唇膏

五、实验步骤

原色唇膏的制法：将溴酸红溶解或分散于蓖麻油及其他溶剂的混合物中；将色淀调入熔化的软脂和液态油的混合物中，经胶体磨研磨使其分散均匀；将羊毛脂、蜡类一起熔化，温度略高于配方中最高熔点的蜡；然后将三者混合，再经一次研磨。当温度降至较混合物熔点高 5～10℃时即可浇模，并快速冷却。香精在混合物完全熔化时加入。

变色唇膏的制法：将溴酸红在溶剂（蓖麻油）内加热溶解，加入高熔点的蜡，待熔化后加入软脂、液态油，搅拌均匀后加入香精，混合均匀后即可浇模。

无色润唇膏：制法简单，将油、脂、蜡混合，加热熔化，然后加入磨细的尿囊素，在搅拌下加入香精，混合均匀后即可浇模。

六、思考题

1. 唇膏的组成有哪些类型的物质？根据表 8-2 说明配方中各种物质在配方中的作用。并以配方 1 为例说明唇膏的生产工艺流程。

2. 应如何控制生产条件以避免造成唇膏出现"针孔"和"冷痕"？

实验二十　指甲油的配制

一、实验目的

1. 了解指甲油的基本组成及各组分的作用。
2. 掌握指甲油的生产工艺。

二、实验仪器

本实验所需仪器见表 8-4。

表 8-4　主要仪器

仪器名称	规格	数量
烧杯	100ml	2 个/组
	200ml	2 个/组
温度计	0～100℃	1 支/组
电热套	500ml、控温仪	1 个/组
搅拌器		1 台/组
玻璃棒		1 支/组
电子天平		1 台/两组
研磨机	每室 2 台	

三、实验原理

指甲用化妆品（manicure preparations，nail preparations）是通过对指甲的修饰、涂布来美化、保护和清洁指甲，主要有指甲油、指甲白、指甲油去除剂、指甲抛光剂和指甲保养剂等，但使用最多的是指甲油和指甲油去除剂。

指甲油（nail lacquer，nail varnish）是用来修饰和增加指甲美观的化妆品，它能在指甲表面上形成一层耐摩擦的薄膜，起到保护、美化指甲的作用，是目前销量最大的指甲用化妆品。

指甲油的质量要求：涂敷容易，干燥成膜快，而且形成的膜要均匀，无气泡；色调鲜艳，颜色要均匀一致，光亮度好，不会变色；耐摩擦，不开裂，能牢固地附着在指甲上；有较快的干燥速度，3～5min 干燥；要无毒，不会损伤指甲，同时涂膜要容易被指甲油去除剂去除。

原料　要满足上述要求，指甲油应具有下列组成：成膜剂、树脂、增塑剂、溶剂、颜料、珠光等。其中成膜剂和树脂对指甲油的性能起关键作用。

（1）成膜剂：能涂在指甲上形成薄膜的品种很多，主要有硝酸纤维素、乙酸纤维素、乙酸丁酸纤维素、乙基纤维素、聚乙烯及丙烯酸甲酯聚合物等，其中最常用的是硝酸纤维素，它在硬度、附着力、耐磨性等方面均极优良。不同规格的硝酸纤维素对指甲油的性能会产生不同的影响，适合于指甲油的是含氮量为 11.2%～12.8%的硝酸纤维素，硝酸纤维素是易燃易爆的危险品，储运时常以乙醇润湿（用量约为 30%）。硝酸纤维素的缺点是容易收缩变脆，光泽较差，附着力还不够强，因此需加入树脂以改善光泽和附着力，加入增塑剂增加韧性和减少收缩，使涂膜柔软、持久。

（2）辅助成膜树脂：辅助成膜树脂有助于克服硝化纤维的缺点，能增加硝酸纤维素薄膜的亮度和附着力，是指甲油成分中不可缺少的原料之一。指甲油用的辅助成膜树脂有天然树脂（如虫胶）和合成树脂，由于天然树脂质量不稳定，所以近年来已被合成树脂代替，常用的合成树脂有醇酸树脂、氨基树脂、丙烯酸树脂、聚乙酸乙烯酯树脂和对甲苯磺酰胺甲醛树脂等。其中对甲苯磺酰胺甲醛树脂对膜的厚度、光亮度、流动性、附着力和抗水性等均有较好的效果，是最常用的辅助成膜树脂。

（3）增塑剂：硝化纤维膜很脆，尽管加入辅助成膜树脂改善其性能，但还是不能达到指甲油所要求的柔软性和韧性。使用增塑剂就是为了使涂膜柔软、持久、减少膜层的收缩和开裂现象，指甲油用的增塑剂有两类：一类是溶剂型增塑剂，如磷酸三甲苯酯、苯甲酸苄酯、磷酸三丁酯、柠檬酸三乙酯、邻苯二甲酸二辛酯等，这类增塑剂既是硝化纤维素的溶剂，又是增塑剂，常用的是邻苯二甲酸酯类；另一类是非溶剂型增塑剂，如樟脑和蓖麻油等，这类增塑剂不与硝化纤维素配伍，硝化纤维素一般与溶剂型增塑剂一起使用。增塑剂用量一般为硝化纤维素干基质量分数的 25%～50%。

（4）溶剂：指甲油用的溶剂的作用是溶解成膜剂、树脂、增塑剂等，调节指甲油的黏度获得适宜的使用感觉，并要求具有适宜的挥发速度。挥发太快，影响指甲油的流动性、产生气孔、残留痕迹，影响涂层外观；挥发太慢使流动性太大，成膜太薄，干燥时间太长。能够满足这些要求的单一溶剂是不存在的，一般使用混合溶剂。

按照溶剂的溶解能力不同，溶剂可分为真溶剂、助溶剂和稀释剂三种。

1）真溶剂：是单独使用时能溶解硝酸纤维素等成膜剂的溶剂，包括低沸点溶剂（如丙酮、乙酸乙酯、丁酮）、中沸点溶剂（如乙酸丁酯、二甘醇单甲醚等）、高沸点溶剂（如溶纤剂、乙基溶纤剂、丁基溶纤剂）三类。低沸点溶剂挥发速度快，硝化纤维素溶液黏度低，但膜干燥后容易"发霜"变浑油。中沸点溶剂流展性好，能抑制"发霜"变浑油。高沸点溶剂配制的硝化纤维溶液黏度高，不易干，流展性差，但涂膜光泽性好。使用时一般将三类溶剂复配使用。

2）助溶剂：单独使用时对成膜剂无溶解性，与真溶剂合用能大大增加溶解性，并能改善指甲油的流动性，常用乙醇和丁醇。如乙酸乙酯溶解硝化纤维时，溶解度缓慢，加入乙醇可促进其溶解作用，但乙醇本身不能溶解硝化纤维。

3）稀释剂：对成膜剂无溶解能力和促进溶解的能力，与真溶剂合用能增加树脂的溶解能力，并能调整产品的黏度，降低指甲油的成本。常用甲苯和二甲苯等。

（5）着色剂：能赋予指甲油以鲜艳的色彩，并起不透明的作用。一般采用不溶性的颜料和色淀，以产生不透明的美丽色调，另外，常还添加二氧化钛以增加乳白感，添加珠光颜料（如鸟嘌呤、氯氧化铋、二氧化钛-云母）增强光泽。

（6）悬浮剂：为了防止颜料沉淀，需要添加悬浮剂增加指甲油的稳定性和调节其触变性。最常用的悬浮剂是季铵化的黏土类，如苄基双甲基氢化牛油脂基季铵化蒙脱土、双甲基双十八烷基季铵化膨润土和双甲基双十八烷基季铵化水辉石等。悬浮剂用量为 0.5%～2%。另外，根据需要可添加防晒剂、抗氧剂、油脂等。

四、配方组成

本实验所需试剂见表 8-5。

表 8-5　配方组成

组成	质量分数/%	组成	质量分数/%
硝酸纤维素	13.0	丙酮	4.0
磷酸三甲苯酯	1.5	甲苯	25.0
乙酸乙酯	16.0	珠光颜料	3.0
乙酸丁酯	36.0	红色色淀	2.0

五、实验步骤

将颜料、硝酸纤维素、增塑剂和溶剂调成浆状，然后用研磨机研磨到一定细度即可。指甲油的黏度对涂敷性能有决定性影响，必须严格控制在 0.3～0.4Pa·s 范围内。在制造过程中，硝酸纤维素、溶剂等都是易燃易爆危险品，必须注意防火、防爆。

六、思考题

1. 如何控制指甲油的黏度?
2. 如何生产无色指甲油?

实验二十一　染发剂的配制

一、实验目的

1. 了解染发原理。

2. 了解化学染发剂配方中各成分的作用。

3. 初步掌握化学染发剂中各成分的分析方法。

二、实验仪器

本实验所需仪器见表 8-6。

表 8-6　主要仪器

仪器名称	规格	数量
烧杯	100ml	2 个/组
	200ml	2 个/组
温度计	0～100℃	1 支/组
电热套	500ml、控温仪	1 个/组
搅拌器		1 台/组
玻璃棒		1 支/组
电子天平		1 台/两组
旋转黏度计	每室 1 台	

三、实验原理

市面上最常见的是双剂型永久性染发剂，包括染色膏和氧化膏，其中染色膏主要由染料中间体和基质等组成，氧化膏由氧化剂、稳定剂、磷酸和基质组成。染色膏中的染料中间体通常选择对苯二胺，但对苯二胺具有急性毒性、致敏性、致癌性等风险，所以其用量必须严格控制。染色膏中的基质则主要包括表面活性剂、溶剂、碱剂、抗氧剂、抑制剂、增稠剂、螯合剂、香精等。染色膏在没有真空包装的情况下，很容易被空气氧化变质。因此要求产品配方设计时需添加适量的抗氧化剂，如亚硫酸钠、维生素 C 等，防止氧化，另外，对苯二胺的氧化产物亚胺与配色剂[间苯二酚]发生缩合反应，生成带羟基的缩合物调色，不同的染料中间体及配色剂可使头发显示不同的颜色。间苯二酚还可以改善染发颜色效果，可以使染发颜色变得光亮牢固，氧化膏中的氧化剂为过氧化氢，其基质一般包括表面活性剂、溶剂、增稠剂、螯合剂、香精等。一般要加入磷酸氢二钠或非那西丁作为稳定剂防止过氧化氢分解，以及通过磷酸调节其 pH。

表 8-7　染色膏配方组成

相别	原料名称	用量/g
A	水	加至 100
	甘油	12.0
	卡波 940	0.5
	亚硫酸钠	0.4
	EDTA-2Na	0.2
B	蓖麻油	5.5
	十六醇	3.0
	硬脂酸	4.0
	Tween-60	4.0
	异抗坏血酸棕榈酸酯	2.5
	尼泊金甲酯	0.4
	尼泊金丙酯	0.2
C	聚二甲基硅氧烷	0.1
D	乙醇	1.0
	对苯二胺	10.0
	间苯二酚	1.0
	氨水	1.0
	香精	适量

四、配方组成

本实验所需试剂见表 8-7，表 8-8。

表 8-8　氧化膏配方组成

相别	原料名称	用量/%
A	水	加至 100
	卡波 940	0.5
	磷酸氢二钠	0.5
	EDTA-2Na	0.2
B	蓖麻油	5.5
	十六醇	3.0
	硬脂酸	4.0
	吐温-60	2.5
C	尼泊金甲酯	0.2
	尼泊金丙酯	0.1
	聚二甲基硅氧烷	1.5
D	磷酸	适量
	香精	适量
E	30%过氧化氢	20.0

五、实验步骤

1. 染色膏的制备

（1）将 B 相加入烧杯，然后在 85℃下进行搅拌加热溶解，直至 B 相所有原料完全溶解后保温 3min。

（2）先将卡波加入烧杯在 85℃下搅拌进行预分散，然后将其他 A 相加入烧杯，维持在 85℃搅拌分散完全，保温 3min。

（3）将 B 相加入 A 相，恒温搅拌 3min。

（4）加入 C 相，继续搅拌至降至 45℃，加入香精。

（5）室温下预先混合对苯二胺、间苯二酚和乙醇，然后加入降至室温的膏霜内，尽量隔绝空气，缓慢搅拌均匀，快速封存。

2. 氧化膏的制备

（1）将 B 相加入烧杯，然后在 85℃下进行搅拌加热溶解，直至 B 相所有原料完全溶解后保温 3min。

（2）先将卡波加入烧杯在 85℃下搅拌进行预分散，然后将其他 A 相加入烧杯，维持在 85℃搅拌溶解，直至完全溶解后保温 3min。

（3）将 B 相加入 A 相，恒温搅拌 3min。

（4）加入 C 相，继续搅拌至降至 45℃，加入 D 相。

（5）降至室温后加入 30%过氧化氢，搅拌均匀，加入磷酸调节 pH。

六、性能检测

1. 感官指标

（1）外观、色泽：取试样在室温和非阳光直射下进行目测观察，膏状产品不分层，无悬浮物或沉淀。

（2）气味：取试样用嗅觉进行鉴别。无异味，符合规定香型。

（3）稠度：要求黏稠度适中，易于附着于毛发之上。

2. 理化指标

（1）离心测试：取适量的产品于 10ml 离心管中（样品装至 7ml 的刻度），盖上盖子，置于离心机中离心 30min（转速：2000r/min）。

（2）静置稳定性测试：染色膏和氧化膏试样在室温下存放 1 个月，用肉眼观察其外观有无变化。

七、思考题

1. 简要说明染发剂的主要组成及其各组分的主要作用。
2. 简要说明染发剂的染色原理。

实验二十二　卷发剂的配制

一、实验目的

1. 了解卷发原理。
2. 了解化学卷发剂配方中各成分的作用。
3. 初步掌握化学卷发剂中各成分的分析方法。

二、实验仪器及试剂

本实验所需仪器见表 8-9，所需试剂见表 8-10。

表 8-9　主要仪器

仪器名称	规格	数量
烧杯	100ml	2 个/组
烧杯	200ml	1 个/组
锥形瓶	250ml	1 个/组
碘量瓶	250ml	1 个/组
移液管	10ml	1 支/组
移液管	25ml	1 支/组
容量瓶	100ml	1 个/组
碱式滴定管	25ml	1 支/组
量筒	10ml	1 个/组
量筒	100ml	1 个/组
pH 试纸	1～14	2 包/室
滴定台		1 台/组
温度计	0～100℃	1 支/组
电热套	500ml、控温仪	1 个/组
搅拌器		1 台/组
玻璃棒		1 支/组
电子天平		1 台/两组

表 8-10　实验试剂

原料名称	规格	备注
盐酸（1:3）	分析纯	
硫代硫酸钠标准液	0.1000mol/L	
巯基乙酸		
碘标准液	0.1000mol/L	
氢氧化钠标准液	0.1000mol/L	
其他原料	见表 8-11	

三、实验原理

化学卷发剂又称冷烫精和冷烫剂，为淡紫红色透明溶液，有氨的臭味。主要用于改善人的头发造型。

人的头发是由水不溶性的角蛋白组成的，角蛋白是由多种氨基酸组成的肽链或聚肽链桥接成角朊纤维，其中胱氨酸的含量较大。胱氨酸是一种含二硫键的氨基酸，当其二硫键被打开时，头发就变得柔软，非常容易被卷成各种形状，化学药剂即可将二硫键打开。当头发卷曲成形后，再把打开的二硫键重新接上，使头发又恢复原来的刚韧性。目前使用的卷发剂原料是巯基乙酸胺。巯基乙酸胺在碱性条件下经过一定时间使头发膨胀，被卷曲成任何形状。待头发成形后可用氧化剂或借助于空气中的氧使半胱氨酸再氧化成原来的聚肽链物质即角朊纤维。由于巯基乙酸是二元酸，其中有—COOH 基和—SH 基，这样在碱性条件下更能表现出其"强酸性"，使其充分发挥还原作用。pH 一般控制在 9.0～9.5。为了提高烫发效果，可在卷发剂中添加一些辅助原料，如表面活性剂、中和剂、香精、色素等，使卷发剂与头发之间的亲和力增大，接触均匀，减少用量，减轻对头皮的刺激，增加美感，提高卷发效果。

表 8-11　卷发剂配方

编号	原料	质量分数/%
1	巯基乙酸（98%）	8.0
2	十二烷基苯磺酸钠（30%）	1.5
3	亚硫酸钠	1.5
4	甘油	3.0
5	尿素	1.5
6	氨水（25%～28%）	17.5
7	香精	适量
8	去离子水	加至 100

四、配方及工艺

本实验配方见表 8-11。

五、实验步骤

在 200ml 烧杯中按配方量可加入巯基乙酸，在搅拌下逐滴滴加氨水，用 pH 试纸检验反应液的 pH，使其达到 9.0～9.5，然后加水和其他原料，搅拌均匀，静置 2h，装瓶即为成品。

六、性能测定

卷发液的测试

（1）卷曲效果的测试：将一束头发洗净，均匀涂抹冷烫精后缠绕在玻璃棒上，用塑料膜包裹置冷烫帽中，20min 后取出，用冷水洗净，吹干后量卷曲程度。

（2）巯基乙酸铵百分含量的测定（反滴定法）：用移液管吸取 50ml、0.1000mol/L 碘标准液于 500ml 碘量瓶中，加入 5ml（1∶3）的盐酸，取 0.7～1.5g 试液，精确至 0.0001g，放入上述碘量瓶中，用已标定的 0.1mol/L 的 $Na_2S_2O_3$ 溶液滴定，待溶液颜色变浅，加入 5ml 淀粉溶液，滴定至无色，即为终点。按统一方法进行空白试验，用 $Na_2S_2O_3$ 滴定至终点。

$$巯基乙酸铵含量 = [(A-B) \times C/(G \times 1000)] \times 109.176 \times 100\%$$

式中，A 为空白液消耗的 $Na_2S_2O_3$ 体积，ml；B 为试液所消耗的 $Na_2S_2O_3$ 体积，ml；C 为 $Na_2S_2O_3$ 标准溶液的浓度，mol/L；G 为卷发液试验的质量，g；109.176 为巯基乙酸铵的物质的量。

（3）游离氨含量的测定：用移液管取 10ml 卷发液加入 100ml 容量瓶中，用去离子水稀释至刻度，混匀，用移液管取其 10ml 于 300ml 锥形瓶中，加 50ml 去离子水，准确加入 25ml 0.1 mol/L 硫酸标准液，加热至沸，冷却后加入 2、3 滴溴甲酚绿-甲基红混合指示剂，用 0.1 mol/L 氢氧化钠标准液滴定至溶液由变绿即为终点。

$$游离氨含量（g/ml） = (250C_1 - VC_2) \times 0.017\ 03$$

式中，C_1 为硫酸标准溶液浓度，mol/L；C_2 为氢氧化钠标准溶液浓度，mol/L；V 为消耗的氢氧化钠体积，ml；0.017 03 为与 1ml 硫酸标准溶液相当的游离氨的质量。

七、思考题

1. 简要说明化学卷发剂配方组成及其各组分主要作用。
2. 说明化学卷发剂的卷发作用原理。

实验二十三　眉笔的配制

一、实验目的

1. 眉笔配方中各成分的作用。
2. 掌握眉笔制备工艺。

二、实验原理

眉笔是供画眉用的美容化妆品。现代眉笔有两种形式，一种是铅笔式的，另一种是推管式的，使用时将笔芯推出来画眉。眉笔使用方便快捷，适宜于勾勒眉形，描画短羽状眉毛、勾勒眉尾。不足之处是描画的线条比较生硬；不能调和色彩，因为含有蜡，在温热和潮湿的环境下，相对容易脱妆。

眉笔的主要成分是石蜡、蜂蜡、地蜡、矿脂、巴西棕榈蜡、羊毛脂、可可脂、炭黑颜料等。

三、实验仪器

本实验所需仪器见表 8-12。

表 8-12　主要仪器

仪器名称	规格	数量
烧杯	50ml	2 个/组
烧杯	200ml	2 个/组
玻璃棒		1 支/组
温度计	0~100℃	1 支/组
研钵		1 个/组
小型高速粉碎机		每室 1 台
电热套	500ml、控温仪	1 个/组
搅拌器		1 台/组
电子天平		1 台/两组
胶体磨	每室 1 台	

四、配方组成

本实验所需试剂见表 8-13。

表 8-13   配方组成

编号	原料	质量分数/%
1	石蜡	33.0
2	矿脂	10.0
3	虫蜡	12.0
4	蜂蜡	16.0
5	羊毛脂	10.0
6	液状石蜡	7.0
7	炭黑	12.0

五、实验步骤

将颜料炭黑、适量的矿脂和液状石蜡研磨均匀成浆状,将余下的油、脂、蜡混合并加热熔化,再加入颜料浆,搅拌均匀后,浇入模子中,冷却制成笔芯。将笔芯插在笔芯座上,使用时用手指推动底座即可将笔芯推出来。

六、思考题

1. 简要说明眉笔配方组成中各组分的主要作用。
2. 简要说明眉笔生产工艺。

第九章

面膜类化妆品

面膜是一种含有营养剂、涂敷于皮肤表面上可形成薄膜物质的化妆品。它能起到清洁皮肤、保养皮肤及美容皮肤的作用。

1. 面膜作用机制 是将皮肤与空气隔绝，使肤表面的温度上升，促进血液循环，面膜中营养物质能有效地渗入皮肤里，起到增进皮肤机制的作用；在粉剂或成膜剂的干燥的过程中，面膜收缩，可减少皱纹，面膜具有吸收作用，在干燥剥离面膜时，同时除去皮肤上的污垢、油脂和粉刺，防止油脂堵塞毛孔，从而起到很好的洁肤作用，并去除老化的角质层。

理想的面膜制品要求涂敷后能够和皮肤密切结合，吸附能力强，敷用和去除方便，干燥和固化时间不宜太长，对皮肤无毒无害。

2. 面膜分类

（1）根据其性状可分为凝结性面膜、非凝结性面膜、电离面膜和胶原面膜。

凝结性面膜包括：硬膜、软膜、蜜蜡面膜、可干啫喱面膜等。

非凝结性面膜包括：保温啫喱面膜、矿泥面膜、粉膏面膜、油膏面膜、蛋奶面膜、脂蜜面膜、果蔬面膜、草药面膜等。

胶原面膜包括：海藻胶原面膜和骨胶原面膜等。

（2）根据其基质的组成，面膜又可以分为蜡基面膜、橡胶基面膜、乙烯基面膜、水溶性聚合物基面膜和土基面膜等。

本章将开设三个实验，分别为膏状面膜的配制、剥离型面膜的配制、凝胶面膜的配制。

实验二十四　膏状面膜的配制

一、实验目的

1. 了解膏状面膜相关知识。
2. 掌握膏状面膜的配方。
3. 熟悉膏状面膜的制备工艺。

二、实验仪器

本实验所需仪器见表 9-1。

表 9-1　主要仪器

仪器名称	规格	数量
烧杯	50ml	1 个/组
烧杯	100ml	2 个/组
烧杯	200ml	2 个/组

续表

仪器名称	规格	数量
温度计	0~100℃	1 支/组
电热套	500ml、控温仪	1 个/组
搅拌器		1 台/组
玻璃棒		1 支/组
电子天平		1 台/两组

三、实验原理

膏状面膜大都含有较多的黏土成分，如高岭土、硅藻土等，还含有保湿剂和滋润剂油性成分，还添加各种护肤营养物质，如海藻酸、甲壳素、深海泥、植物精华及中药粉等。

表 9-2　配方组成

编号	原料	质量分数/%
1	钛白粉	5.0
2	高岭土	10.0
3	滑石粉	5.0
4	甘油	10.0
5	棕榈酸异丙酯	8.0
6	橄榄油	6.0
7	淀粉	5.0
8	甲壳素	4.0
9	防腐剂	适量
10	香精	适量
11	去离子水	适量

四、配方组成

本实验所需试剂见表 9-2。

五、实验步骤

将粉料成分和部分去离子水混合均匀，然后加入油性成分、淀粉和甲壳素，最后加入防腐剂、香精混合均匀，经检验合格即可。

六、思考题

1. 简要说明膏状面膜的主要组成。
2. 简要说明膏状面膜的生产工艺。

实验二十五　剥离型面膜的配制

一、实验目的

1. 了解剥离型面膜相关知识。
2. 掌握剥离型面膜的配方。
3. 熟悉剥离型面膜的制备工艺。

二、实验仪器及试剂

本实验所需仪器见表 9-3。

三、实验原理

剥离型面膜的配方组成中，成膜剂是关键成分。通常采用水溶性高分子聚合物，此类聚合物具有优良的成膜性，同时具有增稠和提高乳化及分散涂展的作用，对使用无机粉体的配方体系还具有良好的稳定效果。常见的高分子聚合物有聚乙烯醇、聚乙烯吡咯烷酮、丙烯酸聚合物、羧甲基纤维素等。天然明胶和天然胶质也可以当作成膜剂使用。剥离型面膜的配方中通常还含有保湿剂（如甘油、丙二醇、透明质酸等）、吸附剂（氧化锌、滑石粉、钛白粉、高岭土等）、溶剂（乙醇、丙二醇、1,3-丁二醇及去离子水等）和活性添加剂，如营养和功效型添加剂。

四、配方组成

本实验所需试剂见表9-4。

表9-4 配方组成

编号	原料	质量分数/%
1	聚乙烯醇	15.0
2	聚乙烯吡咯烷酮	5.0
3	山梨醇	6.0
4	甘油	5.0
5	橄榄油	2
6	角鲨烷	2.0
7	聚氧乙烯醚失水山梨醇单月桂酸酯	1.0
8	二氧化钛	5.0
9	滑石粉	10.0
10	乙醇	8.0
11	防腐剂	适量
12	香精	适量
13	去离子水	加至100

表9-3 主要仪器

仪器名称	规格	数量
烧杯	50ml	1个/组
	100ml	2个/组
	200ml	2个/组
温度计	0～100℃	1支/组
电热套	500ml、控温仪	1个/组
搅拌器		1台/组
玻璃棒		1支/组
电子天平		1台/两组

五、实验步骤

1. 将二氧化钛、滑石粉和去离子水混合均匀，将保湿剂甘油、山梨醇加入其中，加热至70～80℃并搅拌均匀，再加入成膜剂混合均匀，制成水相。

2. 将乙醇、香精、防腐剂和聚氧乙烯醚失水山梨醇单月桂酸酯和油相成分混合，溶解加热至40℃，完全溶解，制成醇相。

3. 将水相和醇相混合搅拌后，再进行均质3min。

六、思考题

1. 简要说明剥离型面膜的主要组成。
2. 简要说明剥离型面膜的清洁原理。

实验二十六　凝胶面膜的配制

一、实验目的

1. 了解凝胶面膜相关知识。
2. 掌握凝胶面膜的配方。
3. 熟悉凝胶面膜的制备工艺。

二、实验仪器

本实验所需仪器见表9-5。

三、实验原理

凝胶面膜以水为分散介质，当把凝胶贴到皮肤上时，受到体温的影响，凝胶内部的物

表 9-5 主要仪器

仪器名称	规格	数量
烧杯	50ml	1 个/组
	100ml	2 个/组
	200ml	2 个/组
温度计	0～100℃	1 支/组
电热套	500ml、控温仪	1 个/组
搅拌器		1 台/组
玻璃棒		1 支/组
电子天平		1 台/两组

五、实验步骤

1. 将去离子水、1，3-丁二醇、丙二醇混合，搅拌均匀，记为Ⅰ相。

2. 将卡波 2020 在慢速搅拌下分次少量加入Ⅰ相，搅拌均匀，使卡波 2020 尽量分散，必要时可以加热，记为Ⅱ相。

3. 将Ⅱ相搅拌下加热至 80℃，加入对羟基苯甲酸甲酯，透明质酸（预先用少量去离子水溶解），继续搅拌降温至 50℃加入加入适量三乙醇胺，调整 pH 为 5～6 时，再加入Ⅲ相，搅拌并冷却至室温即可。

六、思考题

1. 简要说明凝胶面膜的主要组成。
2. 简要说明凝胶面膜的主要生产工艺。

理结构从固态变成液态，并渗透到皮肤里。因此，在以水凝胶为基底材质的面膜内注入胶原蛋白、透明质酸、熊果苷、烟酰胺等有效成分，可制成含多种功能的面膜。

相对于传统材质面膜，水溶性水凝胶的果冻状精华成分不易蒸发、干燥，其退热舒缓的特点对急性皮肤损伤（如过敏、长痘、擦伤）有良好效果。

四、配方组成

本实验所需试剂见表 9-6。

表 9-6 配方组成

相别编号	原料	质量分数/%
A		
1	卡波 2020	1.0
2	1，3-丁二醇	4
3	丙二醇	4
4	对羟基苯甲酸甲酯	0.1
5	透明质酸	0.1
6	去离子水	75.7
B		
7	三乙醇胺	适量
C		
8	芦荟提取液	10
9	水溶性香精	0.1
10	杰马 BP	0.3

第十章

药妆类化妆品

药妆类化妆品与普通化妆品的最大不同是它们的配方总是尽量精简，不含色素、香料、防腐剂甚至表面活性剂，而有效成分的含量较高，针对性强，功效显著。

本章将开设六个实验，分别为美白祛斑霜的配制及性能检测、去死皮按摩霜的配制及性能测试、粉刺霜的配制、生发霜的配制及性能测试、脱毛霜的配制及性能测试、抗衰老护肤霜的配制及性能测试。产品感官、理化及卫生指标参考 DB35/T 1316—2013 执行。

实验二十七　美白祛斑霜的配制及性能检测

一、实验目的

1. 复习膏霜的制备方法。
2. 熟悉美白药物成分，掌握美白祛斑霜的配制方法。

二、实验仪器

本实验所需仪器见表 10-1。

表 10-1　主要仪器

仪器名称	规格	数量
烧杯	100ml	2 个/组
	200ml	2 个/组
温度计	0～100℃	1 支/组
电热套	500ml、带控温仪	1 个/组
搅拌器		1 台/组
玻璃棒		1 支/组
电子天平		1 台/两组
高速均质机	每室 1 台	

三、实验原理

维生素 E：脂溶性抗氧剂。外用药中有润肤、防护紫外线损伤和减缓色素或脂褐质沉积等作用，且有祛斑作用，常作软膏基质的油溶性抗氧剂、护肤剂。1%～2%乳膏、乳液、搽剂，用于冻疮、下肢溃疡、硬皮病、皲裂等。

月桂氮䓬酮：又名氮酮。为一种高效无毒、非极性新型透皮促进剂。对药物均有明显的透皮助渗作用，无论乳剂状态，还是胶体状态下都具有良好的助渗作用。广泛用于软膏、霜剂、搽剂、乳液、栓剂等外用制剂，可增强疗效 2～8 倍，也可降低主药用量，减轻毒副作用。此外，尚有消炎、止痛和止痒作用。

CMG：赋活剂、营养添加剂。激活和产生细胞因子、表皮生长因子、血管生成因子，激活巨噬细胞，启动免疫级联反应，并不断产生系列白介素、干扰素和细胞促进因子。有促进胶原蛋白合成，改善皮肤弹性的作用；帮助受损肌肤复原，有抗过敏、消炎作用；光保护作用，有提高防晒产品功效；调动皮肤自身免疫机制，预防皮脂氧化，清除自由基。可制成抗衰老、抗过敏、防晒、护肤、祛斑、祛粉刺膏霜、乳液、精华液等化妆品。

木瓜酶：抗衰老剂、祛斑剂、保湿剂。木瓜蛋白酶能催化蛋白质合成，提高皮肤再生能力，使皮肤光滑、细腻，参与角质层新陈代谢，促进成纤维细胞增生，使弹性蛋白、胶原蛋白及基质的产生增多，保湿性好，有抗衰老作用，加快色素分解代谢，使异常的色素逐渐淡化直至消退，有增白祛斑作用。常与乳酸合用制成乳膏、乳液。

四、配方及工艺

本实验所需试剂见表 10-2。

表 10-2　配方组成

相别	组分	质量分数/%	相别	组分	质量分数/%
A	十六/十八混醇	3.0	B	甘草提取物	3.0
	A6	1.0		汉生胶	0.1
	角鲨烷	8.0		丙二醇	5.0
	荷荷巴油	3.0		去离子水	加至 100
	IPM	3.0		尿囊素	0.1
	维生素 E	1.0	C	CMG①	0.2
	月桂氮草酮	1.0		木瓜酶	1
	A25	2	D	杰马 BP	0.4
	单硬脂酸甘油酯	2		香精	适量
	尼泊金甲酯	0.2			
	尼泊金丙酯	0.1			

①CMG 用量 0.05%～0.4%，用丙二醇湿润分散，加入 25 倍 50℃水溶液，加入水相或待膏体成形前加入

五、实验步骤

1. 拟配制 100g 产品，试按照表 10-2 配方计算并称取各组分。
2. 将 A 相搅拌加热至 80～85℃，保温搅拌 10min 以上。
3. 将 B 相搅拌加热至 85～90℃，保温搅拌 10min 以上。
4. 将 A 相加入 B 相中，搅拌均质 3min。
5. 搅拌降温到 40℃后加入 C 相、D 相，充分搅拌均匀即可。

六、质量要求

1. **感官指标**　色泽应符合规定色泽，无异味，符合规定香型。
2. **理化指标**
（1）pH：4～8。
（2）耐寒实验：-5℃放置 24h，恢复室温后观察是否有油水分离现象。
（3）耐热实验：40℃放置 24h，恢复室温后观察是否有油水分离现象。
（4）离心实验：置离心机中 4000r/min，30min，观察是否有乳析现象。

七、思考题

1. 何谓药妆类化妆品？
2. 简要说明药妆类化妆品与普通化妆品的区别。
3. 简要说明美白祛斑霜的生产工艺。

实验二十八 去死皮按摩霜的配制及性能测试

一、实验目的

1. 复习膏霜的制备方法。
2. 学习按摩霜、磨砂膏的相关知识。
3. 了解去死皮常用药物。
4. 掌握去死皮按摩霜的配制。

二、实验仪器

本实验所需仪器见表10-3。

表 10-3　主要仪器

仪器名称	规格	数量
烧杯	50ml	1 个/组
	100ml	1 个/组
	200ml	1 个/组
温度计	0～100℃	1 支/组
电热套	500ml、带控温仪	1 个/组
搅拌器		1 台/组
玻璃棒		1 支/组
电子天平		1 台/两组
高速均质机	每室 1 台	

三、实验原理

按摩膏是一种对皮肤进行按摩时需要配合使用的润滑剂，同时又可以达到洁肤活肤的目的。

人体皮肤的角质化过程是一个不断的生长、死亡的动态生理过程。皮肤表面一般都积存有死亡的角质细胞的残骸，俗称为死皮。一般的清洗洁肤的方法比较难达到清除皮肤角质细胞残骸的目的，只有通过使用按摩膏（乳），可以快速去除皮肤表面的死亡角质细胞。

按摩膏配方中常添加能去除角质老化细胞的化学和生物成分，亦可添加称为磨砂粒的微小颗粒。后者称之为"磨砂膏"。磨砂膏完全是机械的磨面（肤）洁肤作用，多用于油性皮肤。而按摩膏适用于中性皮肤及不敏感的任何皮肤。一般由油性原料和添加剂组成。

油性原料：按摩膏是一含油量较多的乳剂制品，常使用的是不易被皮肤很快吸收、润滑性持久及具有良好滋润皮肤的油类，如液状石蜡、橄榄油、水貂油、荷荷巴油、鳄梨油等。

添加剂：分为磨砂剂和去角质原料。按摩膏中常用的去角质原料有果酸、溶角蛋白酶等。

果酸学名为α-羟基酸，简称AHA。具有角质层剥脱性，在低浓度时，可使皮肤已死亡的角质细胞（死皮）即时脱离皮肤表面，因果酸相对分子质量小，能有效的渗透皮肤，使堆积在皮肤上的死皮松脱。果酸对皮肤具有刺激性，试验表明，果酸浓度在6%以下的果酸化妆品是安全的。

甘醇酸是其中一种相对分子质量较小的α-羟基酸，在水溶液中的溶解度可达70%，由于其相对分子质量小，容易被皮肤吸收。甘醇酸可使角质层细胞粘连性减弱，使角质层细胞松解，并可刺激角质形成细胞的有丝分裂，使其代谢旺盛；也可使表皮松解、脱落；使真皮内透明质酸（HA）增加，起到保持水分作用；用于治疗痤疮，也常用作外用皮肤制剂的赋形剂和促透剂。

四、配方及工艺

本实验所需试剂见表 10-4。

表 10-4   配方组成

Ⅰ相		
橄榄油	润滑、溶剂、兼溶	3g
硬脂酸	赋形剂、增稠剂、润滑剂	10g
蜂蜡	赋形剂、保护剂、增稠剂	5g
赛比克 305	乳化剂、增稠剂	1.5g
Ⅱ相		
甘油	溶剂、保湿剂	4g
高岭土	吸附剂、助悬剂、赋形剂	10g
甘醇酸	α-羟基酸	3g
蒸馏水		加至100g
防腐剂（尼泊金甲酯）	防腐剂	0.3g
Ⅲ相		
香精		0.1g

五、实验步骤

1. 取Ⅰ相、Ⅱ相组分分别加热至80℃备用。

2. 待Ⅰ相、Ⅱ相两相温度相等时，Ⅱ相加入Ⅰ相中，均质乳化3min，搅拌降温至45℃左右时加入Ⅲ相组分，继续搅拌至30℃，即得。

六、质量要求

1. 感官指标   色泽应符合规定色泽，无异味，符合规定香型。

2. 理化指标

（1）pH：4～8。

（2）耐寒实验：–5℃放置24h，恢复室温后观察是否有油水分离现象。

（3）耐热实验：40℃放置24h，恢复室温后观察是否有油水分离现象。

（4）离心实验：设置离心机操作参数4000r/min，30min，观察是否有分层现象。

七、思考题

1. 简要说明去死皮按摩霜的生产工艺。

2. 什么是按摩霜、磨砂膏?简要说明其主要作用。

实验二十九   粉刺霜的配制

一、实验目的

1. 复习膏霜的制备工艺。

2. 学习治疗粉刺的药物。

二、实验仪器

本实验所需仪器见表 10-5。

三、实验原理

茶树油：可广谱抗微生物，具有温和天然清香及抑菌，温和抗炎，收敛毛孔的作用。环保，无污染、无腐蚀性，渗透性强；适用于油性及粉刺皮肤，可治疗化脓伤口及灼伤、晒伤、香港脚及头屑。

表 10-5　主要仪器

仪器名称	规格	数量
烧杯	50ml	1 个/组
	100ml	1 个/组
	200ml	2 个/组
温度计	0～100℃	1 支/组
电热套	500ml、带控温仪	1 个/组
搅拌器		1 台/组
玻璃棒		1 支/组
电子天平		1 台/两组
高速均质机	每室 1 台	

月桂氮䓬酮：又名氮酮，为一种高效无毒、非极性新型透皮促进剂。对药物均有明显的透皮助渗作用，无论乳剂状态，还是胶体状态下都具有良好的助渗作用。广泛用于软膏、霜剂、搽剂、乳液、栓剂等外用制剂，可增强疗效 2～8 倍，也可降低主药用量，减轻毒副作用。此外，尚有消炎、止痛和止痒作用。

尿囊素：保湿剂、角质促成剂，能增加皮肤角质细胞黏液质的吸湿能力，也能直接作用于角质蛋白分子，促使角质蛋白结合水的能力增加，吸收更多的水分，起到滋润皮肤、保护头发的作用。同时也使角质蛋白分散、鳞屑离解、脱落，使皮肤变得光滑柔软。

四、配方组成

本实验所需试剂见表 10-6。

表 10-6　参考配方

相别	组分	质量分数/%	相别	组分	质量分数/%
A	十六/十八醇	3.0	B	吐温 60	1.0
	司盘 60	1.0		汉生胶	0.1
	角鲨烷	8.0		丙二醇	5.0
	茶树油	3.0		去离子水	加至 100
	IPM	3.0		尿囊素	0.1
	维生素 E	1.0	C	去离子水	5
	月桂氮䓬酮	1.0		维生素 B_6	1
	单硬脂酸甘油酯	3.5	D	杰马 BP	0.4
	尼泊金甲酯	0.2		香精	适量
	尼泊金丙酯	0.1			

五、实验步骤

1. 拟配制 100g 产品，试按照表 10-6 配方计算并称取各组分。
2. 将 A 相搅拌加热至 80～85℃，保温搅拌 10min 以上。
3. 将 B 相搅拌加热至 85～90℃，保温搅拌 10min 以上。
4. 将 A 相加入 B 相中，搅拌均质 3min。
5. 搅拌降温到 50℃后加入 C 相，充分搅拌均匀。

6. 降温到 45℃后加入 D 相，搅拌均匀即可。

六、质量要求

1. **感官指标**　色泽应符合规定色泽，无异味，符合规定香型。
2. **理化指标**
（1）pH：4～8。
（2）耐寒实验：−5℃放置 24h，恢复室温后观察是否有油水分离现象。
（3）耐热实验：40℃放置 24h，恢复室温后观察是否有油水分离现象。
（4）离心实验：置离心机中 4000r/min，30min，观察是否有乳析现象。

七、思考题

1. 简要说明粉刺霜的生产工艺。
2. 简要说明粉刺霜对皮肤的作用机制。

实验三十　生发霜的配制及性能测试

一、实验目的

1. 复习膏霜的制备工艺。
2. 学习生发膏的相关知识。
3. 了解生发常用药物。
4. 掌握生发霜的配制。

表 10-7　主要仪器

仪器名称	规格	数量
烧杯	50ml	1 个/组
	100ml	1 个/组
	200ml	2 个/组
温度计	0～100℃	1 支/组
电热套	500ml、带控温仪	1 个/组
搅拌器		1 台/组
玻璃棒		1 支/组
电子天平		1 台/两组
高速均质机	每室 1 台	

二、实验仪器

本实验所需仪器见表 10-7。

三、实验原理

毛果芸香碱：又称匹鲁卡品，具有扩张血管，使头部皮肤的血流量增加而改善皮肤营养，促进毛发再生的作用。

月桂氮草酮：又称氮酮，为一种高效无毒、非极性新型透皮促进剂。对药物均有明显的透皮助渗作用，无论在乳剂状态，还是胶体状态下都具有良好的助渗作用。广泛用于软膏、霜剂、搽剂、乳液、栓剂等外用制剂，可增强疗效 2～8 倍，也可降低主药用量，减轻毒副作用。此外，其尚有消炎、止痛和止痒作用。

卵磷脂：代表性甘油磷脂，广泛分布于动植物体内，参与生物膜的构成。其具有表面活性作用，常为食品和药品的乳化剂。卵磷脂经皮肤吸收后分解为胆碱或乙酰胆碱而产生血管扩张作用，可改善头皮营养供应，促进毛发生长。

四、配方及工艺

本实验所需试剂见表 10-8。

表 10-8　配方组成

相别	组分	质量分数/%	相别	组分	质量分数/%
A	十六/十八醇	2.0	B	吐温 60	1.2
	司盘 40	1.0		羧甲基纤维素钠	0.2
	乙酰化羊毛脂	8.0		甘油	5.0
	毛果芸香碱	0.2		去离子水	加至 100
	IPP	4.0		卵磷脂	0.1
	维生素 E	1.0		何首乌提取物	5
	月桂氮䓬酮	1.0		生姜提取物	5
	单硬脂酸甘油酯	2.5	C	杰马 BP	0.4
	尼泊金甲酯	0.2		香精	适量
	尼泊金丙酯	0.1			

五、操作工艺

1. 拟配制 100g 产品，试按照表 10-8 配方计算并称取各组分。

2. 将 A 相搅拌加热至 80～85℃，保温搅拌 10min 以上。

3. 将 B 相中的去离子水溶解羧甲基纤维素钠后，加入其他组分，然后搅拌加热至 85～90℃，保温搅拌 10min 以上。

4. 将 A 相加入 B 相中，搅拌均质 3min。

5. 搅拌降温到 45℃后加入 C 相，搅拌均匀即可。

六、质量要求

1. **感官指标**　色泽应符合规定色泽，无异味，符合规定香型。

2. **理化指标**

（1）pH：4～8。

（2）耐寒实验：-5℃放置 24h，恢复室温后观察是否有油水分离现象。

（3）耐热实验：40℃放置 24h，恢复室温后观察是否有油水分离现象。

（4）离心实验：置离心机中 4000r/min，30min，观察是否有乳析现象。

七、思考题

1. 简要说明生发霜的生产工艺。

2. 简要说明生发霜的生发原理。

3. 常见生发剂主要有哪些？请列举。

实验三十一   脱毛霜的配制及性能测试

一、实验目的

1. 复习膏霜的制备工艺。
2. 学习脱毛膏的相关知识。
3. 了解脱毛常用药物。
4. 掌握脱毛霜的配制。

二、实验仪器

本实验所需仪器见表 10-9。

表 10-9   主要仪器

仪器名称	规格	数量
烧杯	50ml	1 个/组
	100ml	1 个/组
	200ml	2 个/组
温度计	0～100℃	1 支/组
电热套	500ml、带控温仪	1 个/组
搅拌器		1 台/组
玻璃棒		1 支/组
电子天平		1 台/两组
高速均质机	每室 1 台	

三、实验原理

脱毛膏是一类减少和消除体毛的化妆品。其可去掉皮肤某些部位杂乱过多的毛发，以达到使皮肤表面洁净光滑，增强美感的作用。常用的药物有无机化合物（如硫化钠、硫化钡、硫化锶和硫化钙等）和有机化合物（如硫化乙醇酸盐、巯基乙酸和碳酸胍等）。

四、配方组成

1. 参考配方   见表 10-10。

表 10-10   配方组成

相别	组分	质量分数/%	相别	组分	质量分数/%
A	十六/十八醇	2.0	B	吐温 60	1.0
	司盘 60	1.5		卡波	0.2
	蜂蜡	4.0		丙二醇	5.0
	硫化钡	2.0		去离子水	加至 100
	IPM	5.0		尿囊素	0.1
	巯基乙酸	1.0	C	杰马 BP	0.4
	单硬脂酸甘油酯	2.0		香精	适量
	尼泊金甲酯	0.2			
	尼泊金丙酯	0.1			

注：卡波需要预分散

2. 操作工艺

1）拟配制 100g 产品，试按照表 10-10 配方计算并称取各组分。

2）将 A 相搅拌加热至 80～85℃，保温搅拌 10min 以上。

3）将 B 相搅拌加热至 85～90℃，保温搅拌 10min 以上。

4）将 A 相加入 B 相中，搅拌均质 3min。

5）搅拌降温到 45℃后加入 C 相，搅拌均匀即可。

五、质量要求

1. **感官指标**　色泽应符合规定色泽，无异味，符合规定香型。
2. **理化指标**
（1）pH：4～8。
（2）耐寒实验：–5℃放置24h，恢复室温后观察是否有油水分离现象。
（3）耐热实验：40℃放置24h，恢复室温后观察是否有油水分离现象。
（4）离心实验：置离心机中4000r/min，30min，观察是否有乳析现象。

六、思考题

1. 简要说明脱毛膏的生产工艺。
2. 简要说明脱毛膏的作用原理。
3. 常见脱毛剂主要有哪些？请列举。

实验三十二　抗衰老护肤霜的配制及性能测试

一、实验目的

1. 复习膏霜的制备工艺。
2. 学习抗衰老护肤霜的相关知识。
3. 了解抗衰老常用药物。
4. 掌握抗衰老护肤霜的配制。

二、实验仪器

本实验所需仪器见表10-11。

三、实验原理

表 10-11　主要仪器

仪器名称	规格	数量
烧杯	50ml	1 个/组
	100ml	1 个/组
	200ml	2 个/组
温度计	0～100℃	1 支/组
电热套	500ml、带控温仪	1 个/组
搅拌器		1 台/组
玻璃棒		1 支/组
电子天平		1 台/两组
高速均质机	每室 1 台	

杏仁油：天然抗氧剂，具有润滑营养皮肤作用，可延缓皮肤老化，使皮肤光滑和柔嫩。

月桂氮䓬酮：又名氮酮。为一种高效无毒、非极性新型透皮促进剂。对药物均有明显的透皮助渗作用，无论在乳剂状态下，还是在胶体状态下都具有良好的助渗作用。广泛用于软膏、霜剂、搽剂、乳液、栓剂等外用制剂，可增强疗效2～8倍，也可降低主药用量，减轻毒副作用。此外，尚有消炎、止痛和止痒作用。

透明质酸：葡萄糖胺聚糖的主要组成成分。透明质酸因其分子结构像"分子海绵"，可以吸收和保持其自身重量上千倍的水分。这种饱含水分的分子网络遍布在皮肤表面时，可形成一层水化膜，时刻对角质层保持润湿作用，防止皮肤干燥。透明质酸水解物有抑制酪氨酸酶活性和吸收紫外线的作用，能减少黑素合成，具有防晒和美白的功效。

芦荟提取液：含有多糖类、糖醛酸及其衍生物氨基酸，能增加皮肤角质层吸附和结合水分子的能力，使皮肤润湿；同时能使失去弹性的干燥皮肤的角质层水化，并恢复皮肤原有的光滑、柔软和弹性，产生柔润皮肤的作用。

银杏叶提取物：具有扩张血管，降低血液黏稠度和阻止血小板聚集的作用，从而改善皮肤血液供应，增加皮肤营养。

四、配方组成

本实验所需试剂见表 10-12。

表 10-12　参考配方

相别	组分	质量分数/%	相别	组分	质量分数/%
A	十六/十八醇	3.0	B	吐温 60	1.5
	A165	1.0		汉生胶	0.3
	玉米胚芽油	3.0		甘油	5.0
	杏仁油	3.0		透明质酸	0.1
	IPP	3.0		乳酸钠	0.5
	维生素 E	1.0		芦荟提取液	5
	月桂氮䓬酮	1.0		银杏叶提取物	4
	单硬脂酸甘油酯	2.0		去离子水	加至 100
	尼泊金甲酯	0.2	C	杰马 BP	0.4
	尼泊金丙酯	0.1		香精	适量

注：汉生胶需要预分散溶解

五、实验步骤

1. 拟配制 100g 产品，试按照表 10-12 配方计算并称取各组分。
2. 将 A 相搅拌加热至 80～85℃，保温搅拌 10min 以上。
3. 将 B 相搅拌加热至 85～90℃，保温搅拌 10min 以上。
4. 将 A 相加入 B 相中，搅拌均质 3min。
5. 搅拌降温到 45℃后加入 C 相，搅拌均匀即可。

六、质量要求

1. **感官指标**　色泽应符合规定，无异味，符合规定香型。
2. **理化指标**
（1）pH：4～8。
（2）耐寒实验：−5℃放置 24h，恢复室温后观察是否有油水分离现象。
（3）耐热实验：40℃放置 24h，恢复室温后观察是否有油水分离现象。
（4）离心实验：置离心机中 4000r/min，30min，观察是否有乳析现象。

七、思考题

1. 简要说明抗衰老护肤霜的生产工艺。
2. 简要说明抗衰老护肤霜的作用原理。

第十一章

精油类化妆品

一、精油概述

精油（essential oils）又称挥发油，是从植物的花、叶、茎、根或果实中，通过水蒸气蒸馏法、挤压法、冷浸法、超临界 CO_2 流体萃取或溶剂提取法提炼萃取的与水不相混溶的挥发性芳香物质总称。其组分较为复杂，主要以萜类成分多见，另外，尚含有小分子脂肪族化合物和小分子芳香族化合物。精油挥发性高，且分子小，很容易被人体吸收，并能迅速渗透进入人体内器官，这些高挥发物质，可由鼻腔黏膜组织吸收进入身体，将讯息直接送到脑部，通过大脑的边缘系统，调节情绪和身体的生理功能。所以在芳香疗法中，精油可强化生理和心理的功能。国内主要通过水蒸气蒸馏法、压榨法、脂吸法及萃取法等制取精油，而国外通常采用水蒸气蒸馏、无溶剂微波萃取、微波辅助萃取、超声波萃取或超声波辅助萃取、超临界 CO_2 流体萃取、亚临界水萃取等方法制取精油。一般来说，精油的提取工艺是由产精油的植物本身性质决定的，如柑橘类的精油大多采用冷压榨法；花类精油多用蒸馏法或溶剂萃取法，但溶剂萃取法所得的精油可能存在溶剂残留，一般不能作为芳疗用途；超临界 CO_2 流体萃取法得到的精油品质最好，香气最纯真，效果最佳，但提取工艺复杂及对设备要求高，一般售价比较高。

精油的种类繁多，按组分来分，可以分为纯精油、配制精油及汽化精油。纯精油是指100%纯天然植物精油，又可以分为单方精油、复方精油及基础油三种，一般价格比较昂贵。配制精油一般是指使用大量廉价的合成香料与少量纯精油调配而成的精油，通常价格低廉。汽化精油是指采用 95%异丙醇和 5%纯精油中的单方精油配制而成，价格适中。按植物的种类来分，可以分为柑橘类（如佛手柑、柠檬、橘子等）、东方香型（檀香、依兰等）、花香类（如洋甘菊、茉莉、玫瑰等）、香草类（如迷迭香、百里香等）、树脂类（如安息香、没药等）、辛香类（如豆蔻、肉桂、姜等）及木质类（如丝柏、杜松子、茶树油等）。按用途来分，可以分为食用精油、日用品精油、按摩精油及化妆品用精油。

每一种单方精油根据所含有的成分不同，效果各异。一般对于单方精油除了薰衣草和茶树油可以少量直接使用外，其他单方精油都需要和基础油（如橄榄油、荷荷巴油、葡萄籽油、小麦胚芽油、月见草油或芦荟油等）进行合理的调配后才可以使用。而复方精油（由两种或两种以上单方精油混合而成），一般不能直接接触皮肤，通常可以使用基础油稀释做按摩，也可以用来点香薰灯、放入加湿器、泡澡、泡脚等。

常见的单方精油主要有植物精油，如薰衣草精油、檀香精油、橙子精油、广藿香油、柠檬精油、松树油、香茅油、蔷薇精油、茶树精油、迷迭香精油、桉叶精油，以及中药精油，如姜黄精油、当归精油、肉桂精油、辛夷精油、薄荷精油、乳香精油、没药精油、茴香精油、丁香精油、檀香精油、扁柏精油等。

二、精油的作用原理

芳香精油素有"植物激素"之称，其实许多精油的性质与人体激素相似，对人体有着重要的作用。芳香精油主要通过以下几种途径作用于人体。

1. 芳香精油分子通过鼻息刺激嗅觉神经，嗅觉神经将刺激传至大脑中枢，大脑产生兴奋，一方面支配神经活动，起到调节神经活动的功能；另一方面通过神经调节方式控制腺体分泌从而调节人体的整个内环境。

2. 内服精油，经过消化道进入人体，调节血行与淋巴循环，进一步调节内分泌，改善内循环。

3. 通过亲和作用直接进入皮下，精油分子一方面刺激神经，调节神经活动及内环境；另一方面直接改变了内环境等稳状态，使体液活动加快，从而改善了内环境，进一步达到调节整个身心的作用。

4. 通过亲和作用迅速改变局部组织细胞生存的环境，使其新陈代谢加快，全面解决因局部代谢障碍引起的一些问题。

5. 精油分子直接杀灭病菌和微生物。

三、精油的挥发性

挥发性是用来描述物质接触空气之后消失的速率，特别是液体蒸发成气体的速率。精油及其他芳香物质的挥发性都很高，也可以作为人体吸收快慢的判断，根据不同种类的精油的挥发速度，我们可以试着用音乐中的快板、中板、慢板来区分挥发的速度。一般判断的方式是，将精油滴入基础油中放在室温下，香气持续 24h 称快板精油、72h 称中板精油、1 周以上称慢板精油。快板精油一般来源于植物的花和叶子，香气较刺激、令人感到振奋，这类精油油质少且轻，颜色比较透彻，延展性和流动性都非常好。不过因为挥发速度快，不够稳定，活跃程度高，甚至会随着心情、温度、环境的变化而变化，如欧薄荷。

中板精油一般来源于植物的茎和枝部分，令人感到平衡与和谐，具有很好的渗透性，性状也比较稳定，有较好的修复作用，如薰衣草。慢板精油一般来源于植物的干和根，其挥发时间最长，一般在 24h 以后才体现出来，对于提高免疫力和改善体质上有一定的效果，如檀香等。

四、精油类化妆品配方

精油类化妆品配方如表 11-1 所示。

表 11-1　精油类化妆品配方

名称	单方精油		基础油	
保湿润肤	天竺葵	2 滴	荷荷巴油	3ml
	甜橙	1 滴	甜杏仁油	7ml
	丝柏	1 滴		
	广藿香	1 滴		
防敏抗敏	洋甘菊	3 滴	甜杏仁油	7ml
	茉莉	2 滴	月见草	3ml
干性调理	茉莉	2 滴	荷荷巴油	5ml
	乳香	1 滴	甜杏仁油	5ml
	檀香	1 滴		
	薰衣草	1 滴		
暗疮祛痘	茶树	2 滴	葡萄籽油	5ml
	尤加利	1 滴	芦荟油	3ml
	薰衣草	1 滴	小麦胚芽油	2ml
	雪松	1 滴		
祛皱活肤	玫瑰	2 滴	荷荷巴油	7ml
	檀香	1 滴	玫瑰果油	3ml
	天竺葵	1 滴		
	依兰	1 滴		

续表

名称	单方精油		基础油	
美白嫩肤	柠檬	2滴		
	玫瑰	1滴	甜杏仁油	7ml
	橙花	1滴	玫瑰果油	3ml
	乳香	1滴		
收缩毛孔	佛手柑	2滴		
	肉桂	1滴	葡萄籽油	5ml
	丝柏	1滴	芦荟油	5ml
	罗勒	1滴		
	尤加利	1滴		
油性调理	薰衣草	1滴	葡萄籽油	7ml
	茶树	1滴	芦荟油	5ml
	百合	1滴		
	甜橙	1滴		
	檀香	1滴		
祛红血丝	天竺葵	1滴	荷荷巴油	5ml
	玫瑰	1滴	甜杏仁油	3ml
	洋甘菊	1滴	月见草油	2ml
	柠檬	1滴		
黑斑净化	柠檬	1滴		
	玫瑰	1滴	甜杏仁油	5ml
	葡萄油	1滴	橄榄油	3ml
	乳香	1滴	玫瑰果油	2ml
	甜橙	1滴		

五、精油使用的注意事项

1. 精油一般不内服，除非有注明可以口服或获得芳香治疗师或医师的指示。

2. 怀孕初期几个月内最好避免使用精油来按摩或泡澡，因为某些精油可能会导致月经来潮。

3. 柑橘类精油会导致皮肤对阳光紫外线过敏，因此使用后 8h 内请勿暴晒肌肤于阳光下。

4. 患有高血压、瘫痪病、神经及肾脏方面疾病的患者请小心使用。某些精油，如丝柏、迷迭香，使用前最好与医师或芳香治疗师进行沟通。

5. 精油不能取代药物。因此，使用后如症状没有改善，请一定要看病就医，绝不可因使用精油而放弃原先已经在使用的药物治疗。

6. 请按建议量使用。使用过量会导致反作用，甚至对身体造成过大的负担。例如，依兰过量使用会引起睡意，在酒后或开车时应避免使用。

7. 精油必须稀释后才能使用，除非有其他特别的建议。

8. 避免儿孩直接接触，以免误用而发生危险。

9. 精油必须储存于密封完好且为深色玻璃瓶内，并且放置于阴凉的场所。

10. 尽量避免使用塑料或油彩表面的容器，当稀释精油时，请使用玻璃、不锈钢或陶瓷器。

11. 皮肤和体质过敏者，请在使用前先进行敏感测试。

六、思考题

1. 简要说明香精与精油的区别。

2. 查阅资料说明国内外常见的精油提取方法有哪些？并作简要说明各种方法的优缺点。

3. 试以玫瑰精油为例，简要说明其提取工艺。

第十二章

其他日化产品

　　牙膏是人类日常生活中常用的清洁用品，有着很悠久的历史。通过刷牙，人们不仅可以保持牙齿的清洁卫生，保持牙齿洁白，还可以预防牙齿的一些疾病。随着科学技术的不断发展，各种类型的牙膏相继问世，产品的质量和档次不断提高。按照其功能的不同，我国的牙膏通常可分为普通牙膏、氟化物牙膏和药物牙膏三大类。普通牙膏的主要成分包括摩擦剂、洁净剂、润湿剂、防腐剂、芳香剂。普通牙膏具有一般牙膏共有的作用，如果牙齿健康情况较好，选择普通牙膏即可。在普通牙膏的配方中添加具有防龋作用的氟化物（如氟化钠、氟化钾、氟化亚锡及单氟磷酸钠）后就得到了氟化物牙膏。多年实践证明，氟化物与牙齿接触后，能使牙齿组织中易被酸溶解的氢氧磷灰石形成不易溶的氟磷灰石，从而提高了牙齿的抗腐蚀能力。有研究证明，常用这种牙膏，龋齿发病率降低 40% 左右。国家规定，氟化物牙膏中游离氟应为 500～1500ppm，特别注意，3～4 岁前的儿童不宜使用，因为 1/8～1/4 的牙膏可能被他们吞入胃中。药物牙膏则是在普通牙膏的基础上加一定药物，如云南白药、田七等，刷牙时牙膏到达牙齿表面或牙齿周围环境中，通过药物的作用，减少牙菌斑，从而起到防龋病和牙周病的作用。

　　爽身粉由于易吸收汗液，滑爽皮肤，还可减少痱子发生而易受消费者所喜爱，尤其是在炎热的夏天，夏季浴后或理发后，把爽身粉扑散在身上或头部，能给人以舒适芳香的感觉。爽身粉的主要成分是滑石粉、硼酸、碳酸镁及香料等。目前市场上可见的爽身粉，按成分来看主要有滑石粉加香精的、玉米粉加香精的、松花粉、珍珠粉等四种。本章分别对牙膏及爽身粉的配方组成、生产工艺及产品质量评价进行介绍。

实验三十三　牙膏的制备

一、实验目的

1. 了解牙膏的配方原理及生产工艺。
2. 掌握牙膏配方中各组分的作用。

二、实验仪器

本实验所需仪器见表 12-1。

三、配方要求及产品组成

1. 对洁齿制品的基本要求

（1）当与牙齿配合使用时，应能对牙齿有良好的清洁作用，可清除食物碎片、牙齿斑和污垢。

（2）使用时，有舒适的香味和口感，刷后有凉爽清新的新感觉。

（3）无毒性，对口腔黏膜无刺激作用；容易从口腔中、牙齿和牙刷上清洗干净。

（4）有一定的化学物理稳定性，在保质期内应保持稳定，无分层、变色及变味等。

（5）包装美观、实用。

（6）生产成本合理、价格适中，促进人们每日经常使用。

（7）磨料涉及釉质和牙本质的损伤，磨料的选用应符合有关的行业和国家标准。

（8）如果申明是具有预防牙病的制品，必须经过可靠的临床试验验证。

表 12-1　主要仪器

仪器名称	规格	数量
烧杯	50ml	1 个/组
	100ml	1 个/组
	200ml	2 个/组
温度计	0～100℃	1 支/组
电热套	500ml、带控温仪	1 个/组
搅拌器		1 台/组
玻璃棒		1 支/组
电子天平		1 台/两组
高速均质机	每室 1 台	

2. 牙膏的分类及组成

（1）按形态分类：白色牙膏、加色牙膏、透明牙膏、非透明牙膏、彩色牙膏。

（2）按包装分类：铝管牙膏、复合管牙膏、泵式牙膏。

（3）按功能分类：清洁用、治疗用。

3. 牙膏的组成　包括基料、增味剂、功能添加剂等。基料包括研磨剂、保湿剂、胶黏剂、发泡剂、防腐剂、稳定剂等。

（1）摩擦剂：提供牙膏洁齿能力的主要原料，主要有碳酸钙、磷酸钙、二氧化硅、硅铝酸盐等，占膏体总量的 20%～50%。

（2）保湿剂：防止膏体水分的蒸发，降低牙膏的冻点。常见的保湿剂主要有 1,2-丙二醇、1,3-丙二醇、山梨醇、二甘醇、聚乙二醇等。其用量一般在 20% 左右。

（3）发泡剂：产生泡沫，降低摩擦。常见发泡剂主要有表面活性剂 K_{12}，其用量一般为 1%～3%。

（4）增稠剂：提高牙膏的稠密度，使牙膏具有触变性。常见增稠剂主要有羧甲基纤维素、羟乙基纤维素、二氧化硅凝胶、海藻酸钠等、其用量一般为 1%～2%。

（5）甜味剂：包括糖精、木糖醇、甘油等，其用量一般为 0.3% 左右。

（6）功能添加剂：如氟化物防龋剂、脱敏镇痛药剂、消炎止血药剂、除渍剂等。

（7）其他如香精、防腐剂、缓蚀剂、缓冲剂等。

表 12-2　碳酸钙型牙膏配方

原料	配方含量
碳酸钙	48%～52%
羧甲基纤维素	1.0%～1.6%
聚乙二醇	0.4%～0.6%
甘油	5%～8%
山梨醇（70%）	10%～15%
K_{12}	2%～3%
糖精	0.2%～0.3%
苯甲酸钠	0.4%
去离子水	余量

四、配方组成与工艺

1. 碳酸钙型牙膏配方（表 12-2）

2. 二氧化硅透明牙膏配方（表 12-3）

3. 制备工艺　首先将水溶性聚合物羧甲基纤维素、聚乙二醇与保湿剂甘油、山梨醇混合，加水搅拌至溶解。加入其他粉料混合均匀。加余料混合均匀，经检验（参考 GB8372—2008 牙膏）合格即可。

表 12-3　二氧化硅透明牙膏配方

原料	配方含量
山梨醇（70%）	65%～75%
二氧化硅	18%～23%
羧甲基纤维素	0.4%～0.7%
K_{12}	1.0%～1.8%
香精	0.8%～1.0%
糖精	0.1%～0.15%
其他添加剂	1.0%～1.5%
去离子水	余量

二、主要实验仪器

本实验所需仪器见表 12-4。

三、爽身粉组成

爽身粉（talcum powder）是一种夏季卫生用品，因其中含有薄荷脑、桉叶油和滑石粉等原料，扑擦皮肤之后能吸干汗液，使人感到皮肤滑爽，气味芳香，身体舒适，并且还具有防治痱子的作用，能给人以舒适芳香之感，是男女老幼都适用的夏令卫生用品。爽身粉的主要原料及作用有以下几个方面。

（1）滑石粉：是一种触感滑腻柔软的白色粉末，极容易黏附在皮肤上，有吸收汗液、舒爽皮肤的作用，是爽身粉的主要原料之一。

五、思考题

1. 分析说明牙膏配方中各组分的作用及用量。
2. 简要说明制备透明牙膏的关键技术。

实验三十四　爽身粉的配制

一、实验目的

1. 掌握爽身粉的配方组成及各组分作用。
2. 掌握爽身粉的配制工艺。

表 12-4　主要仪器

仪器名称	规格	数量
烧杯	50ml	1 个/组
	100ml	1 个/组
	200ml	2 个/组
筛子	50 目	
	100 目	
	150 目	
	200 目	
玻璃棒	500 目	1 套
	1000 目	
	2000 目	
电子天平		1 台/两组
V 型混合器	每室 1 台	

（2）硬脂酸锌和碳酸镁：均为白色细软粉末，有黏附和收敛使用。

（3）陶土粉：有附着和黏性，能使皮肤润滑。

（4）淀粉：有大米、玉米、马铃薯等各种品种，淀粉遇热水形成胶质，有黏附皮肤的作用。

（5）硼酸：有杀菌消毒作用及软化皮肤的功能，在儿童爽身粉中多采用。

（6）香精：爽身粉的香精一般有薄荷油、薄荷脑、桉叶油等作清凉剂，也有的加入其他香精（如茉莉香精、百花香精等）以增加爽身粉的香味。

四、爽身粉的配制

1. 爽身粉的配方（表 12-5）

2. 配制过程　爽身粉的制造过程比较简单，先将硼酸粉研细，加入香料，再陆续加入其他粉末原料，混合后用筛子筛过即成。

五、爽身粉的质量要求

1. 理化指标

（1）酸碱度：pH 为 9.5。

（2）色泽：纯净白色。

（3）细度：应全部通过一定目数的筛子。

（4）香味：符合该产品香味。

（5）干燥失重：应不大于 1。

2. 外观指标

（1）包装盒身与盒盖结合适中，手执盒盖时盒身应不落下，又易揭开，盖、身色泽应一致。

（2）印刷套版正确，色泽鲜艳，不脱色。

（3）纸盒圆整，卷边无爆裂现象，盒面盒底平服，盒面无麻点，无皱纹，盒盖泡顶要均匀，内圈要完整。

（4）密封要好，轻拍粉盒或正常开启时，任何一点无漏粉现象。

表 12-5　配方组成

序号	原料	含量/%
1	滑石粉	88
2	硼酸粉	4
3	硬脂酸锌	6
4	黛口花香油	0.02
5	百花香精	0.05

六、思考题

1. 简要说明爽身粉的生产工艺。

2. 简要说明爽身粉的质量控制的关键参数。

第十三章

化妆品综合实验

经过前段时间对化妆品相关专业课程的学习，大部分学生对化妆品的配方组成、原料选择、化妆品的生产工艺及化妆品的产品性能分析等已经有了一个初步认识，但缺乏系统性。经过我校应用化学化妆品科学与技术方向 12 级和 13 级学生的尝试并结合行业特点，现决定开设以下三个综合性实验，共计 54 学时，每个实验占 1 周时间，每班分 8 个组，每组约 8 人，各组采用交叉进行的形式进行实验，目的在于训练学生对化妆品原料的筛选、配方的设计、产品的配制及性能检测，直到完成报告等，进一步提升学生对化妆品研发及生产的系统化知识。这三个综合实验分别为实验三十五：具有多功能洗发香波的配方设计、生产工艺及产品性能检测；实验三十六：多功能护肤乳霜的开发及性能检测和实验三十七：低刺激性防晒保湿霜的开发及功效评价。通过这些实验的开设与完成，希望能有效提高学生对化妆品的系统性认识与理解，从而熟练掌握化妆品研发基本程序及合格产品的生产控制条件，并培养学生的团队合作意识。

实验三十五　具有多功能洗发香波的配方设计、生产工艺及产品性能检测

一、实验目的

1. 掌握具有多功能调理洗发香波的配方设计原则、原料选择依据。
2. 掌握洗发香波的配制工艺及工艺参数的控制。
3. 掌握洗发香波的性能检测方法及产品功效评价。
4. 掌握影响洗发香波去污性能、发泡性能及黏度的影响因素。

二、实验原理

多功能调理洗发香波是一种以表面活性剂为主要组成的洗发化妆品。它不但能清除头发上的污垢，还能对头发有一定的调理、滋润、柔顺、去屑、止痒等作用，是目前市面上比较流行和受欢迎的主要洗发用品之一。

1. 配方设计原则

（1）具有适当的洗净力和柔和的脱脂作用。
（2）能形成丰富而持久的泡沫。
（3）具有良好的梳理性。
（4）洗后的头发具有光泽、潮湿感和柔顺感。
（5）洗发香波对头发、头皮和眼睛要有高度的安全性。
（6）易洗涤、耐硬水，在常温下具有良好的洗涤效果。
（7）具有较好的去头屑、治头癣及止痒等功效。
（8）黏度相对稳定。

在配方设计时，除了遵循以上原则，还应注意配方各组分良好的配伍性。

2. 多功能调理洗发香波常用组成及作用　多功能调理洗发香波主要由表面活性剂和一些添加剂组成。表面活性剂又分为主表面活性剂和辅助表面活性剂两类。主表面活剂通常要求泡沫丰富、易扩散、易清洗、去污力强，并具有一定的调理作用。辅助表面活性剂通常要求具有一定的增稠、稳泡作用，洗后能使头发易于梳理、易定形、光亮、快干、去屑止痒、抗静电及良好的珠光效果，且能与主表面活性剂具有良好的配伍性。

常用的主表面活性剂有阴离子型表面活性剂，如脂肪醇硫酸盐、脂肪醇聚氧乙烯醚磺酸盐、酯基磺酸盐、烯基磺酸盐、N-油酰甲基牛磺酸盐等和非离子型表面活性剂，如烷基醇酰胺、氧化胺、烷基多糖苷等。

常用的辅助表面活性剂有油酰氨基酸钠（雷米邦）、聚氧乙烯山梨醇酸酯（吐温）、十二烷基二甲基甜菜碱（BS-12）及咪唑啉型甜菜碱等。

香波的添加剂主要有以下几种。

（1）增稠剂：烷基醇酰胺、聚乙二醇硬脂酸酯、羧甲基纤维素钠、氯化钠、氯化铵等。

（2）增溶剂：乙醇、丙二醇、二甲苯磺酸钠、尿素等。

（3）珠光剂或遮光剂：硬脂酸乙二醇酯（单、双）、十六/十八醇、硅酸铝镁、硬脂酸镁等。

（4）螯合剂：EDTA、柠檬酸钠、三聚磷酸盐、六偏磷酸盐、酒石酸盐、葡萄糖酸盐等。

（5）抗静电柔顺剂：两性离子表面活性剂，如甜菜碱、氨基酸，聚阳离子表面活性剂，如聚季铵盐-10、聚季铵盐-7、聚季铵盐-47、阳离子瓜尔胶等。

（6）pH调节剂：柠檬酸、乳酸、硼酸、三乙醇胺、二乙醇胺、碳酸氢钠、碳酸盐等。

（7）去屑止痒剂：S、SeS、ZPT、甘宝素、Octopirox（OCT）、水杨酸甲酯，薄荷醇等。

（8）防腐剂：尼泊金酯、布罗波尔、极美、凯松、苯甲酸钠等。

（9）滋润剂：液状石蜡、甘油、聚硅氧烷等。

（10）营养剂：羊毛脂衍生物、氨基酸、水解蛋白、维生素等。

（11）赋脂剂：能使头发光滑、流畅的一类物质，多为油、脂、醇、酯类原料，如橄榄油、高级醇、高级脂肪酸酯，羊毛脂及其衍生物及聚硅氧烷等。

（12）香精及色素：香精主要以水果香型、花香型及草香型等为主。色素主要以珠光色、乳白色、苹果绿色、橙色、粉红色等为主。

3. 配方设计（表13-1）

表13-1　实验参考配方

序号	代号	化学名称	质量分数/%		
			1#	2#	3#
1	AES-Na	脂肪醇聚氧乙烯醚磺酸钠（70%）	20	16	12
2	6501、6502	椰子油脂肪酸二乙醇酰胺（70%）	4	7	10
3	BS-12	十二烷基二甲基甜菜碱（30%）	4	4	5
4	K_{12}	十二烷基硫酸盐	4	2	5
5	十六/十八醇	高级脂肪醇		0.5	0.7
6	珠光片	硬脂酸乙二醇双酯		2.5	3

续表

序号	代号	化学名称	质量分数/%		
			1#	2#	3#
7	活力锌 ZPT	吡啶硫酮锌		0.3	0.3
8	单甘酯	单硬脂酸甘油酯		0.3	0.5
9	乳化硅油			2.0	1.5
10	阳离子瓜尔胶			0.2	0.5
11	聚季铵盐-7	二甲基二烯丙基氯化铵-丙烯酰胺共聚物	3	2	4
12	Tab-2	邻苯二甲酸烷基酰胺		1.5	0.5
13	甘油	丙三醇	1.0	1.5	2.0
14	凯松	异噻唑啉酮类化合物		适量	
15	增稠剂			适量	
16	色素			适量	
17	柠檬酸			适量	
18	苯甲酸钠			适量	
19	香精			适量	
20	去离子水			加至 100	

三、仪器与试剂

仪器：烧杯、温度计、电热套、搅拌器、玻璃棒、电子天平、罗氏泡沫仪、头发测试仪、旋转黏度计。

试剂：脂肪醇聚氧乙烯醚硫酸酯钠（AES-Na）、椰子油脂肪酸二乙醇酰胺、十二烷基二甲基甜菜碱、十二烷基硫酸钠、十六/十八醇；硬脂酸乙二酸双酯、乳化硅油、阳离子瓜尔胶、聚季铵盐-7、邻苯二甲酸烷基酰胺（Tab-2）、甘油、凯松、柠檬酸、苯甲酸钠、尼泊金酯、氯化钠、去离子水。

四、实验步骤

1. 将十六/十八醇、单甘酯、珠光片、尼泊金甲酯及 Tab-2 加热至 75℃使其溶解完全，恒温存放记为Ⅰ号。

2. 将阳离子瓜尔胶、聚季铵盐和甘油分散均匀，加入 1/3 去离子水和 6501，加热溶解成为透明均匀溶液，恒温 60℃后，保存记为Ⅱ号。

3. 将 2/3 去离子水、AES-Na、BS-12 放入烧杯中加热至 75℃，恒温慢速搅拌，使其完全溶解后，加入 K_{12}、停止加热（此过程应慢速搅拌避免产生大量泡沫），记为Ⅲ号。

4. 将Ⅰ号加入Ⅲ号中并缓慢搅拌，直到混合完全，75℃恒温 15min。待温度降至 60℃左右，将Ⅱ号一并加入体系中，继续缓慢搅拌。

5. 当温度降至 45℃时，加入香精、乳化硅油、ZPT、凯松，并补充因加热而蒸发的水分；调节 pH。

6. 采用不同的增稠剂（氯化钠、卡波姆及羧甲基纤维素钠等）及浓度调节体系的黏度，并测定其黏度，直到达到所需黏度。

7. 产品性能测定：①黏度测定；②pH 测定；③稳定性测试；④微生物检测；⑤泡沫测定。

五、附注与注意事项

1. 实验中加入表面活性剂后要控制搅拌速度，避免产生大量气泡。

2. 珠光剂分散效果不好时容易沉淀，生产工艺及分散剂的加入对珠光效果有重要影响。

六、思考题

1. 简述配方中各组分的主要作用。

2. 简述各增稠剂的增稠作用机制。

3. 如何防止 ZPT 的析出？

4. 如何提高洗发香波的发泡性能？

5. 如何提高洗发水的稳定性？

6. 在保证洗发水产品质量的情况下，如何降低产品的成本？

实验三十六　多功能护肤乳霜的开发及性能检测

一、实验目的

1. 熟练掌握多功能护肤乳霜的配方设计思路及各组分作用。

2. 掌握多功能护肤乳霜的制备工艺。

3. 系统掌握多功能护肤乳霜的性能检测方法。

4. 系统掌握多功能护肤乳霜的功效性检测方法。

二、实验原理

乳化是借助乳化剂降低油相与水相的界面张力，并在油水界面处形成一层乳化剂包围层，该乳化层的亲水基团指向水相，亲油基团指向油层，从而形成 O/W 或 W/O 乳化体。

秋冬季节，由于气候干燥，肌肤容易干燥开裂，适当使用多功能乳霜可以改善皮肤性能。保湿乳液基本组成为油脂、乳化剂、水、保湿剂、防腐剂、增稠剂、感官修饰剂等组分。

本实验选用油脂以轻质易吸收油脂，如 IPM、GTCC 为主，并辅以少量吸收相对较慢具有一定稠厚度的固体油脂十六/十八醇。保湿剂采用甘油与丁二醇复配，提高产品保湿功效。乳化剂选用具有较强亲水性的 A165 和一定亲油性的单甘酯作为乳化剂对可提高乳化体的稳定性，也会使乳化更彻底。使用汉生胶和卡波增稠可提高产品的稠厚度，获得所需黏度。

清爽保湿乳液涂抹时应该具有质地比较稀薄、吸收较快、手感舒服柔软、清凉、无明显油腻感，有一定的保湿功效。

三、仪器与试剂

仪器：烧杯、玻璃试管、温度计、电热套、搅拌器、玻璃棒、电子天平、离心管、恒温烘箱、冰箱、高速均质机、旋转黏度计。

试剂：去离子水、卡波姆 940、1，3-丁二醇（UK）、黄原胶、甘油、尼泊金甲酯、EDTA-

二钠、山梨糖醇、聚二甲基硅氧烷硅氧烷（20cs）、橄榄油、白油、十六/十八醇、甘油单硬脂酸酯、硬脂酸、A165、尼泊金丙酯、辛酸/癸酸三酰甘油、三乙醇胺、维生素 E。

四、实验步骤

本实验所采用参考配方见表 13-2。

表 13-2　参考配方

相别	代号	化学名称	质量分数/%		
			1#	2#	3#
A	1	纯化水	40	40	40
	2	卡波姆 940	0.4	0.35	0.3
	3	1，3-丁二醇（UK）	4	5	6
	4	黄原胶	0.15	0.2	0.1
	5	甘油	10	15	13
	6	尼泊金甲酯	0.15	0.2	0.25
	7	EDTA-二钠	0.05	0.06	0.07
	8	山梨糖醇	4	5	3
B	9	聚二甲基硅氧烷硅氧烷（20cs）	2	3	1
	10	橄榄油	4	5	3
	11	白油	1	2	3
	12	十六/十八醇	2	4	3
	13	甘油单硬脂酸酯	1	1.5	2
	14	硬脂酸	1	2	3
	15	A165	2	3	4
	16	尼泊金丙酯	0.05	0.05	0.07
	17	辛酸/癸酸三酰甘油	6	7	8
C	18	三乙醇胺	0.4	0.35	0.3
	19	去离子水	加至 100		
D	20	维生素 E	0.1	0.2	0.3

1. 水相的制备　在烧杯中加入 1、2、3、4、5、6、7、8 加热搅拌到 80℃左右，搅拌至完全溶解，备用。

2. 油相的制备　在合适容器中加入 9、10、11、12、13、14、15、16、17 加热到 80℃溶解，备用。

3. 乳化　开启均质，把油相加入水相中，均质 5min，搅拌降温到 70℃，加入 D 相，降温至 55℃加入 C 相，继续搅拌冷却至室温，经检验（参考 QB/T 1857—2013）合格后方可出料。

4. 产品质量检验及评价

（1）感观指标：①外观；②香气；③颗粒度；④肤感评价。

（2）稳定性实验：①离心稳定性；②耐寒稳定性；③耐热稳定性。

（3）微生物总数测定。

（4）黏度测定。

（5）显微镜分析。

五、附注与注意事项

1. 卡波姆要预分散，否则制备出来的乳液容易产生絮状沉淀。
2. 温度过高可能会令一些油脂性质发生变化，体系出现泛黄现象，因此加热油相时需注意控温。

六、思考题

1. 简述本实验产品的增稠机制。
2. 如何避免产品出现油水分层现象？

实验三十七　低刺激性防晒保湿霜的开发及功效评价

一、实验目的

1. 了解低刺激性防晒保湿霜的制备原理。
2. 掌握低刺激性防晒保湿霜配制方法。
3. 了解低刺激性防晒保湿霜配方中各组分的作用。
4. 系统掌握低刺激性防晒保湿霜的功能评价。

二、实验原理

1. **性状及功效**　白色或浅色均匀、细腻膏体，易涂抹无油腻感，具有保护皮肤、防止皮肤晒黑或晒伤的功能。

2. **配方设计原则**

（1）产品的目标 SPF 及 PA：根据市场的需要，确定产品 SPF 及 PA。现在市场上防晒产品主要还是针对 UVB 来进行研发和生产的，很少考虑对 UVA 的防护，所以本实验主要考虑对 UVB 紫外线的防护，确定产品的 SPF 为 15～30。

（2）产品的目标人群：根据产品主要销售对象确定防晒剂类别和用量。对于皮肤易过敏的人群，不应该使用对氨基苯甲酸类的防晒剂。

（3）产品的目标成本：与其他组分相比，防晒剂的价格较昂贵，特别是有机防晒剂尤其要考虑其成本。

（4）耐水或防水性能：直接影响其防晒功效的持久性。

3. **主要成分**　防晒霜的组成和润肤霜的组成基本相同，但防晒霜添加了适当的防晒剂。无机防晒剂主要采用微粒状的二氧化钛、氧化锌、氧化铁、高岭土等，其中以氧化锌、二氧化钛为最好，这是由于它的散射作用最强，光稳定性好，无刺激，安全性高。但氧化锌和二氧化钛都是亲水性粉体，制备时易浮粉，涂抹时附着性差，通常采用环状有机硅氧烷进行包覆处理，使之与乳化体融合。对于有机防晒剂，允许使用的有机防晒剂主要有对氨基苯甲酸类（吸收 UVB）、水杨酸类（吸收 UVB）、肉桂酸类及二苯甲酮（吸收 UVA）等。除了使用有机、无机防晒剂以外，也有报道采用植物，如芦荟、沙棘、人参、甲壳素等提取液作为防晒剂。要想获得安全的具有较高防晒性能防晒霜，防晒剂的选择非常重要，可以使用单一的无机和有机防晒剂，也可以复配使用。

三、仪器与试剂

仪器：水浴锅、玻棒、pH 计、烧杯、量筒、台秤、高速均质机。
试剂：试剂及含用量见实验步骤中的参考配方。

四、实验步骤

1. 设计防晒润肤霜配方，本实验可参见表 13-3。

表 13-3　参考配方设计

相别	序号	化学名称	质量分数/%		
			1#	2#	3#
A	1	纯化水		加至 100	
	2	甘油	3	2	4
	3	卡波姆 940	0.3	0.2	0.4
	4	对羟基苯甲酸甲酯	0.15	0.1	0.2
	5	尿囊素	0.1	0.2	0.05
	6	乙二胺二乙酸钠	0.05	0.03	0.06
B	7	甲氧基肉桂酸辛酯	8.5	8	9
	8	辛基水杨酸酯	3	2	4
	9	氰双苯丙烯酸辛酯	1	0.5	1.5
	10	阿伏苯宗	1.5	1	2.0
	11	吐温 60	0.8	0.7	0.9
	12	司盘 60	0.4	0.3	0.5
	13	硬脂酸甘油酯和 PEG-100 硬脂酸酯	0.5	0.4	0.6
	14	对羟基苯甲酸丙酯	0.05	0.04	0.06
	15	十六/十八醇	0.2	0.1	0.3
	16	苯氧基乙醇	0.3	0.2	0.4
	17	维生素 E	0.1	0.2	0.3
C	18	亲油性纳米二氧化钛	2	1	3
	19	环五聚二甲基硅氧烷	3	2	4
D	20	烟酰胺	2	1	1.5
	21	纯化水	2	3	4
E	22	三乙醇胺	0.3	0.2	0.4
	23	纯化水	0.3	0.2	0.4

2. 操作步骤

（1）A 相制备：在合适容器中加入 1、2、4、5、6 搅拌加热至 75～80℃，分散 3 至完全溶解，备用。

（2）B 相制备：把 7～15 加热溶解，备用。

（3）乳化：搅拌均质中把 B 相加入 A 相中，乳化 5min，加入分散好的 C 相，均质至完全分散均匀，再加入 D 相、E 相，搅拌均匀，降温到 55～60℃，加入 16、17 搅拌均匀，降温至室温。待产品性能检验合格后装瓶（参考 QB/T 1857-2013 及《化妆品安全技术规范（2015 版）》相关规定）

3. 产品性能测定

（1）感观指标

1）外观：取试样在室温和非阳光直射下目测观察，保湿霜为乳白色，细腻有光泽。

2）香气：取试样用嗅觉进行鉴别，符合产品设定香味。

3）颗粒度：采用普通显微镜观察乳化粒子形貌及大小分布。

（2）静置稳定性：在室温下，取一定量产品置于小试管内，分别静置一段时间，观察乳液的稳定性并记录观察现象（表 13-4）。

表 13-4　实验记录

时间 ＼ 现象	有无分层	出水/冒油	变色	变味	长霉

（3）离心稳定性：在室温下，取 2.5ml 产品置于离心试管内，在转速为 2000r/min 条件下离心 30min。离心结束后观察稳定性并记录现象。

（4）耐热稳定性实验：取出 1 份，放置在 40℃中 24h 后取出，冷却至室温，观察其稳定性；如果无油水分离，无变色，则耐热稳定性实验成功。

（5）耐寒稳定性实验：取出 1 份，放置在 0℃中 24h 后取出，升温至室温，观察其稳定性；如果无油水分离，无变色，则耐热稳定性实验成功。

（6）高低温循环实验：取出 1 份，放置在 40℃下 24h 及 0℃下 24h 分别交替 3 次，观察其稳定性；如果无油水分离，无变色，则高低温循环试验视为成功。

（7）防腐性挑战实验：取出 1 份产品，放置在室温中，放置一个月，观察微生物的情况。

（8）刺激性实验：诊断化妆品过敏的一种有效的方法是斑贴试验，在受试物与志愿者皮肤接触一定时间后，记录受试物与皮肤接触后的红、干、痒等症状参数并进行分级主观评价，然后对实验数据加以统计分析，可以鉴定化妆品过敏患者的过敏原及过敏程度大小。

（9）金属离子的检测。

（10）防晒性能测定。

五、附注与注意事项

1. 氧化锌和二氧化钛粉末在制备时易浮粉或者出现沉淀，需注意分散。

2. 高低温循环冻融在国标中并无要求，但在实际生产中是产品稳定性的重要参考标准。

六、思考题

1. 防晒霜中起防晒作用的是哪些成分？

2. 简述防晒剂的作用机制。

3. 紫外线吸收分为哪几类？

参 考 文 献

董银卯. 2009. 化妆品配方设计 6 步. 北京：化学工业出版社

黄儒强. 2009. 化妆品生产良好操作规范（GMPC）实施指南. 北京：化学工业出版社

李明. 2010. 香料香精应用基础. 北京：中国纺织出版社

刘华钢. 2006. 中药化妆品学. 北京：中国中医药出版社

唐冬雁. 2003. 化妆品配方设计与制备工艺. 北京：化学工业出版社

童琍琍. 2005. 化妆品工艺学. 北京：中国轻工业出版社

王建. 2010. 美容药物学. 北京：人民卫生出版社

杨彤. 2005. 美容药物的配制和应用. 北京：人民军医出版社

章苏宁. 2014. 化妆品工艺学. 北京：中国轻工业出版社

附录

本实验所涉及化妆品国家标准汇总

QB/T 1857—2013

润 肤 膏 霜

Skin care cream

1 范围

本标准规定了润肤膏霜的分类、要求、试验方法、检验规则及标志、包装、运输、储存、保质期。

本标准适用于滋润人体皮肤（或以滋润人体皮肤为主兼具修饰作用）的具有一定稠度的乳化型膏霜。

2 分类

按乳化类型分为水包油型（O/W）和油包水型（W/O）。

3 技术要求

3.1 原料

使用的原料应符合《化妆品安全技术规范》的规定。使用的香精应符合 GB/T 22731 的要求。

3.2 感官、理化、卫生指标

感官、理化、卫生指标应符合附表 1 的要求。

附表 1 感官、理化、卫生指标

指标名称		指标要求	
		水包油型（O/W）	油包水型（W/O）
感官	外观	膏体应细腻，均匀一致（添加不溶性颗粒或不溶粉末的产品除外）	
	香气	符合规定香型	
理化	pH（25℃）	4.0～8.5（pH 不在上述范围内的产品执行企业标准）	—
	耐热	（40±1）℃保持 24h，恢复室温后应无油水分离现象	（40+1）℃保持 24h，恢复室温后渗油率不应大于 3%
	耐寒	（−8±2）℃保持 24h，恢复室温后与试验前无明显性状差异	
卫生	菌落总数（CFU/g）	符合《化妆品安全技术规范》的规定	
	霉菌和酵母菌总数（CFU/g）		
	粪大肠菌群（g/ml）		
	金黄色葡萄球菌（g/ml）		
	铜绿假单胞菌（g/ml）		
	铅（mg/kg）		
	汞（mg/kg）		
	砷（mg/kg）		

4 试验方法

4.1　感官

4.1.1　外观

取试样擦于皮肤上在室内温度和非阳光直射目测观察。

4.1.2　香气

取试样，用嗅觉进行鉴别。

4.2　理化

4.2.1　pH

按 GB/T13531.1 中规定的方法测定（稀释法）。

4.2.2　耐热（O/W）

4.2.2.1　仪器

恒温培养箱温控精度±1℃。

4.2.2.2　操作程序

预先将恒温培养箱调节至 40℃，将包装完整的一件试样置于恒温培养箱内，24h 后取出，恢复室温后目测观察。

4.2.3　耐热（W/O）

4.2.3.1　仪器

恒温培养箱温控精度±1℃；培养皿，外径90mm；电子天平，感量0.001g；15°角架干燥器。

4.2.3.2　操作程序

预先将恒温培养箱调节到 40℃，在已称量的培养皿中称取试样约 10g（约占培养皿面积的 1/4，刮平，采用电子天平精密称量后，斜放在恒温培养箱内 15°角架上，24h 后取出，放入干燥器中冷却后再称量，如有油渗出，则将渗油部分小心揩去，留下膏体部分，然后将培养皿连同剩余膏体部分进行称量，试样的渗油率数值以百分数表示，按公式（1）计算：

$$渗油率 = (m_1 - m_2)/m \times 100\% \qquad (1)$$

式中，m 为试样质量，单位为克（g）；m_1 为 24h 后试样的质量加培养皿的质量，单位为克（g）；m_2 为小心揩去渗油部分后试样与培养皿的质量，单位为克（g）。

4.2.4　耐寒

4.2.4.1　仪器

冰箱；温控精度±2℃。

4.2.4.2　操作程序

预先将冰箱调节至-8℃，将包装完整的一件试样置于冰箱内。24h 后取出，恢复至室温后目测观察。

4.3　卫生指标

按《化妆品安全技术规范》中规定的方法检验。

GB/T 29665—2013

护 肤 乳 液

Skin care milk

1 范围

本标准规定了润肤乳液的产品分类、技术要求、试验方法、检验规则及标志、包装、运输、储存等要求。

本标准适用于滋润人体皮肤的具有流动性的水包油乳化型化妆品。

2 分类

按乳化类型分为水包油型（O/W）和油包水型（W/O）。

3 技术要求

产品卫生指标应符合 GB 7916 有关规定要求。感官指标、理化指标按附表 2 规定执行。

附表 2　感官、理化指标

指标名称		指标要求	
		水包油型（O/W）	油包水型（W/O）
感官	外观	均匀一致（添加不溶性颗粒或不溶粉末的产品除外）	
	香气	符合规定香型	
理化	pH（25℃）	4.0～8.5（含 α-羟基酸和 β-羟基酸的产品可按企业标准执行）	—
	耐热	（40±1）℃保持 24h，恢复室温后应无油水分高现象	
	耐寒	（−8±2）℃保持 24h，恢复室温后与试验前无明显性状差异	
卫生	菌落总数（CFU/g）	符合《化妆品安全技术规范》的规定	
	霉菌和醇母菌总数（CFU/g）		
	粪大肠菌群（g/ml）		
	金黄色葡萄球菌（g/ml）		
	铜绿假单胞菌（g/ml）		
	铅（mg/kg）		
	汞（mg/kg）		
	砷（mg/kg）		

4 试验方法

4.1 色泽

取样品在非阳光直射条件下目测。

4.2 香气

用辨香纸蘸取试样，用嗅觉进行辨别。

4.3 结构

取试样擦于皮肤上在室内和非阳光直射条件下，观察。

4.4 pH

按 GB/T 13531.1 方法测定。

4.5 耐热

4.5.1 仪器

温度计（分度值 0.5℃）、电热恒温培养箱（灵敏度±1℃）。

4.5.2 操作

将试样分别倒入 2 支 ϕ20mm×120mm 的试管内，使液面高度约 80mm，塞上干净塞子。把一支待验的试管置于预先调节至 40℃的恒温培养箱内，经 24h 后取出，恢复室温后与另一支试管的试样进行目测比较。

4.6 耐寒

4.6.1 仪器

温度计（分度值 0.5℃）、冰箱（灵敏度±2℃）。

4.6.2 操作

将试样分别倒入 2 支 ϕ20mm×120mm 的试管内，使液面高度约 50mm，塞上干净的塞子。把一支待验的试管置于预先调节至-8℃的冰箱内，保持 24h 后取出，恢复室温后与另一支试管的试样进行目测比较。

4.7 离心考验

4.7.1 仪器

离心机；离心管：（刻度 10ml）、电热恒温培养箱（灵敏度±1℃）、温度计（分度值 0.5℃）。

4.7.2 操作

于离心管中注入试样约 2/3 高度并装实，用塞子塞好。然后放入预先调节到（38±1）℃的电热恒温培养箱内，保温 1h 后，立即移入离心机中，并将离心机调整到 2000r/min 的离心速度，旋转 30min 取出观察。

4.8 卫生指标

按照《化妆品安全技术规范》规定的方法进行。

QB/T 2660—2004

化　妆　水

Skin tonic

1 范围

本标准规定了化妆水的产品分类、要求、试验方法、检验规则和标志、包装、运输、储存。

本标准适用于补充皮肤所需水分、保护皮肤的水剂型护肤品。

2 产品分类

产品按形态可分为单层型和多层型两类。

2.1 单层型

由均匀液体组成的、外观呈现单层液体的化妆水。

2.2 多层型

以水、油、粉或含功能性颗粒组成的、外观呈现多层液体的化妆水。

3 要求

3.1 卫生指标

卫生指标应符合附表 3 的要求。使用的原料应符合《化妆品安全技术规范》规定。

附表 3　卫生指标

指标名称		指标要求
微生物指标	细菌总数（CFU/g）	≤1000（儿童用产品≤500）
	霉菌和酵母菌总数（CFU/g）	≤100

续表

指标名称		指标要求
	粪大肠菌群	不得检出
	金黄色葡萄球菌	不得检出
	铜绿假单胞菌	不得检出
有毒物质限量	铅（mg/kg）	≤10
	汞（mg/kg）	≤1
	砷（mg/kg）	≤2
	甲醇（mg/kg）	≤2000（不含乙醇、异丙醇的化妆水不测甲醇）

3.2 感官、理化指标

感官、理化指标应符合附表 4 的要求。

附表 4 感官、理化指标

指标名称		指标要求	
		单层型	多层型
感官指标	外观	均匀液体，不含杂质	两层或多层液体
	香气	符合规定香型	
理化指标	耐热	（40±1）℃保持 24h，恢复至室温后与试验前无明显性状差异	
	耐寒	（5±1）℃保持 24h，恢复至室温后与试验前无明显性状差异	
	pH	4.0～8.5（直测法）（α-羟基酸、β-羟基酸类产品除外）	
	相对密度（20℃）	规定值±0.02	

4 试验方法

4.1 卫生指标

按卫法监发〔2002〕第 229 号中规定的方法检验。

4.2 感官指标

4.2.1 外观

取试样在室温和非阳光直射下目测观察。

4.2.2 香气

先将等量的试样和规定试样（按企业内部规定）分别放在相同的容器内，用宽 0.5～1.0cm、长 10～15cm 的吸水纸作为评香纸，分别蘸取试样和规定试样 1～2cm（两者应接近），用嗅觉来鉴别。

4.3 理化指标

4.3.1 耐热

4.3.1.1 仪器

恒温培养箱（温控精度±1℃）。

4.3.1.2 操作程序

预先将恒温培养箱调节到（40±1）℃，把包装完整的试样一瓶置于恒温培养箱内。24h 后取出，恢复至室温后目测观察。

4.3.2 耐寒

4.3.2.1 仪器

恒温培养箱（温控精度±1℃）。

4.3.2.2 操作程序

预先将恒温培养箱调节到（5±1）℃，把包装完整的试样一瓶置于恒温培养箱内。24h后取出，恢复至室温后目测观察。

4.3.3 pH

按 GB/T 13531.1 中规定的方法测定（直测法）。

4.3.4 相对密度

按 GB/T 13351.4 中规定的方法测定。

QB/T 1858—2004

香水、古龙水

Perfume and cologne

1 范围

本标准规定了香水、古龙水的要求、试验方法、检验规则和标志、包装、运输、储存。本标准适用于卫生化妆用的香水和古龙水。

2 技术要求

感官、理化、卫生指标应符合附表 5 的要求。使用的原料应符合《化妆品安全技术规范》的相关规定。

附表 5   感官、理化、卫生指标

指标名称		指标要求
感官指标	色泽	符合规定色泽
	香气	符合规定香型
	清晰度	水质清晰，不应有明显杂质和黑点
理化指标	相对密度（20℃/20℃）	规定值±0.02
	浊度	5℃水质清晰，不浑浊
	色泽稳定性	（48±1）℃保持 24h，维持原有色泽不变
卫生指标	甲醇（mg/kg）	≤2000

3 试验方法

3.1 卫生指标

卫生指标按《化妆品安全技术规范》中规定的方法检验。

3.2 感官指标

3.2.1 色泽

取样于 25ml 比色管内，在室温和非阳光直射下目测观察。

3.2.2 香气

先将等量的试样和规定试样（按企业内控规定）分别放在相同的容器内，用宽 0.5～1.0cm、长 10～15cm 的吸水纸作为评香纸，分别蘸取试样和规定试样 1～2cm（两者应接近），用嗅觉鉴别。

3.2.3　清晰度
原瓶在室温和非阳光直射下，距观察者 30cm 处观察。

3.3　理化指标

3.3.1　相对密度
按 GB/T 13531.4 中规定的方法测定。

3.3.2　浊度
按 GB/T 13531.3 中规定的方法测定。

3.3.3　色泽稳定性

3.3.3.1　仪器
恒温培养箱（温控精度±1℃）、试管（直径为 2cm×13cm）。

3.3.3.2　操作程序
将试样分别倒入两支试管内，高度约 2/3 处，并塞上干净的塞子，把一支待检的试管置于预先调节至（48±1）℃的恒温培养箱内，1h 后打开软木塞一次，然后仍旧塞好，继续放入恒温培养箱内。经 24h 后，取出.恢复到室温与另一支在室温下保存的试管内的样品进行目测比较。

QB/T 2872—2007

面　膜

Skin mask

1　范围
本标准规定了面膜的术语和定义、分类、要求、试验方法、检验规则和标志、包装、运输、储存。

本标准适用于涂或敷于人体皮肤表面，经一段时间后揭离、擦洗或保留，起到集中护理或清洁作用的产品。

2　术语和定义

2.1　面膜
涂或敷于人体皮肤表面，经一段时间后揭离、擦洗或保留，起到集中护理或清洁作用的产品。

2.2　膏（乳）状面膜
具有膏霜或乳液外观特性的面膜产品。

2.3　啫喱面膜
具有凝胶特性的面膜产品。

2.4　面膜贴
具有固定形状，可直接敷于皮肤表面的面膜产品。

2.5　纤维贴膜
以赋形物（合成或天然片状纤维物）为基体，配合相应护肤液浸润的面膜产品。

2.6　胶状成形贴膜
以凝胶状基质经加工成形，呈片状的面膜产品。

2.7 粉状面膜

以粉体原料为基质，添加其他辅助成分配制而成的粉状面膜产品。

3 分类

3.1 根据产品形态可分为膏（乳）状面膜、啫喱面膜、面贴膜、粉状面膜四类。

3.2 面贴膜按产品材质分为纤维贴膜和胶状成形面膜。

4 要求

感官、理化、卫生指标应符合附表 6 的要求。使用的原料应符合《化妆品安全技术规范》规定。

附表 6　感官、理化、卫生指标

指标名称		指标要求			
		膏（乳）状面膜	啫喱面膜	面贴膜	粉状面膜
感官指标	外观	均匀膏体或乳液	透明或半透明凝胶状	湿润的纤维贴膜或胶状成形贴膜	均匀粉末
	香气	符合规定香气			
理化指标	pH（25℃）	3.5～8.5			5.0～10.0
	耐热	（40±1）℃保持 24h，恢复至室温后与试验前无明显差异		—	—
	耐寒	（−5～−10）℃保持 24h，恢复至室温后与试验前无明显差异		—	—
卫生指标	菌落总数（CFU/g）	≤1000，眼、唇部、儿童用品≤500			
	霉菌和酵母菌总数（CFU/g）	≤100			
	粪大肠菌群（g）	不应检出			
	金黄色葡萄球菌（g）	不应检出			
	铜绿假单胞菌（g）	不应检出			
	铅（mg/kg）	≤10			
	汞（mg/kg）	≤1			
	砷（mg/kg）	≤2			
	甲醇（mg/kg）	—	≤2000（乙醇、异丙醇含量之和≥10%时，需测甲醇）		

5 试验方法

5.1 感光指标

5.1.1 外观

取试样在室温和非阳光直射下目测观察。

5.1.2 香气

取试样用嗅觉进行鉴别。

5.2 理化指标

5.2.1 pH

5.2.1.1 膏（乳）状面膜、啫喱面膜、粉状面膜

按 GB/T 13531.1 的方法进行（稀释法）。

5.2.1.2 面贴膜

5.2.1.2.1 纤维贴膜

将贴膜中的水或黏稠液挤出来，按 GB/T 13531.1 中规定的方法测定（稀释法）。

5.2.1.2.2　胶状成形贴膜

称取剪碎成约 5mm×5mm 试样 1 份，加入经煮沸并冷却的实验室用水 10 份，于 25℃ 条件下搅拌 10min，取清液按 GB/T 13531.1 规定方法测定。

5.2.2　耐热

5.2.2.1　仪器

a）恒温培养箱：温控精度±1℃。

b）试管：ϕ20mm×120mm。

5.2.2.2　操作程序

5.2.2.2.1　非透明包装产品

将试样分别装入两支 ϕ20mm×120mm 的试管内，高度约 80mm，塞上干净的胶塞。将一支待检的试管置于预先调节至（40±1）℃ 的恒温培养箱内，24h 后取出，恢复至室温后与另一试管的试样进行目测比较。

5.2.2.2.2　面贴膜和透明包装产品

取 2 袋（瓶）包装完整的试样，把一袋（瓶）试样置于预先调节至（40±1）℃的恒温培养箱内，24h 后取出，恢复至室温后，剪开面贴膜与另一袋试样进行目测比较；透明包装产品则直接与另一瓶试样进行目测比较。

5.2.3　耐寒

5.2.3.1　仪器

a）冰箱：温控精度±2℃。

b）试管：ϕ20mm×120mm。

5.2.3.2　操作程序

5.2.3.2.1　非透明包装产品

将试样分别装入 2 支 ϕ20mm×120mm 的试管内，高度约 80mm，塞上干净的胶塞。将一支待检的试管置于预先调节至（-5～-10）℃的冰箱内，24h 后取出，恢复至室温后与另一试管的试样进行目测比较。

5.2.3.2.2　面贴膜和透明包装产品

取两袋（瓶）包装完整的试样，把一袋（瓶）试样置于预先调节至-5～-10℃的冰箱内，24h 后取出，恢复至室温后，剪开面贴膜包装袋与另一袋试样进行目测比较；透明包装产品则直接与另一瓶试样进行目测比较。

5.3　卫生指标

按《化妆品安全技术规范》中规定的方法检验。贴膜类产品取样是将贴膜中的液体或黏稠液挤出，然后取挤出液进行测定。

QB/T 1976—2004

化 妆 粉 块

Make-up pressed powder

1 范围

本标准规定了化妆粉块的产品分类、要求、试验方法、检验规则和标志、包装、运输、储存。

本标准适用于以粉质为主体经压制成型的胭脂、眼影、粉饼等。

2 产品分类

产品按用途分为胭脂、眼影、粉饼等。

3 技术要求

3.1 卫生指标

卫生指标应符合附表 7 的要求。使用的原料应符合《化妆品安全技术规范》的规定。

附表 7　卫生指标

指标名称		指标要求
微生物指标	细菌总数（CFU/g）	≤1000 （眼部用、儿童用产品≤500）
	霉菌和酵母菌总数（CFU/g）	≤100
	粪大肠菌群（g）	不得检出
	金黄色葡萄球菌（g）	不得检出
	铜绿假单胞菌（g）	不得检出
有毒物质限量	铅（mg/kg）	≤10
	汞（mg/kg）	≤1
	砷（mg/kg）	≤2

3.2 感官、理化指标

感官、理化指标应符合附表 8 的要求。

附表 8　感官、理化指标

项目		要求
感官指标	外观	颜料及粉质分布均匀，无明显斑点
	香气	符合规定香型
	块型	表面应完整，无缺角、裂缝等缺陷
理化指标	涂擦性能	油块面积≤1/4 粉块面积
	跌落试验（份）	破损≤1
	pH	6.0～9.0
	疏水性	粉质浮在水面保持 30min 不下沉

注：疏水性仅适用于干湿两用粉饼

4 方法

4.1 卫生指标

按《化妆品安全技术规范》中规定的方法检验。

4.2 感官指标

4.2.1 外观

取试样在室温和非阳光直射下目测观察。

4.2.2 香气

取试样用嗅觉进行鉴别。

4.2.3 块型

取试样在室温和非阳光直射下目测观察。

4.3　理化指标

4.3.1　涂擦性能

4.3.1.1　仪器

恒温培养箱（温控精度±1℃）。

4.3.1.2　操作程序

预先将恒温培养箱调节到（50±1）℃，将试样盒打开，置于恒温培养箱内。24h后取出，恢复至室温后用所附粉扑或粉刷在块面不断轻擦，随时吹去擦下的粉尘。每擦拭10次除去粉扑或粉刷上附着的粉，继续擦拭，共擦拭100次，观察块面的油块大小。

4.3.2　跌落试验

4.3.2.1　材料

表面光滑平整的正方形木板，厚度1.5cm，宽度30cm。

4.3.2.2　操作程序

取试样5份。依次将粉盒从花盒里取出，打开粉盒，再取出盒内的附件，如刷子等，然后合上粉盒。将粉盒置于50cm的高度，粉盒底部朝下，水平地自由跌落到正方形木板中央。打开粉盒观察。

4.3.2.3　结果判定

依次逐份记录粉盒、镜子等破碎、脱落情况（简装粉块除外）、粉块碎裂情况。当出现破损不大于1份时则为合格。

4.3.3　pH

按GB/T13531.1中规定的方法测定（稀释法）。

4.3.4　疏水性

4.3.4.1　仪器

筛子（80目）、烧杯（150ml）。

4.3.4.2　操作程序

从粉块表面将粉轻轻刮下，用筛子过筛，称取样品0.1g于100ml水中，观察30min，应无下沉物。

GB/T 30928—2014

去角质啫喱

Exfoliating gel

1　范围

本标准规定了去角质啫喱的要求、试验方法、检验规则、标志、包装、运输、储存和保质期。

本标准适用于去角质啫喱产品。

2　要求

2.1　原料

使用的原料应符合《化妆品卫生规范》的规定。使用的香精应符合GB/T 22731的要求。

2.2　感官、理化、卫生指标

感官、理化、卫生指标应符合附表9的要求。

附表9 感官、理化和卫生指标

指标名称		指标要求
感官指标	色泽	符合规定色泽
	外观	凝胶状
	香气	符合规定气味
理化指标	pH（25℃）	2.0～8.5
	耐热	（40±1）℃保持24 h，恢复室温后其外观与试验前无明显差异
	耐寒	（-8±2）℃保持24 h，恢复室温后其外观与试验前无明显差异
卫生指标	甲醇（mg/kg）	≤2000（乙醇、异丙醇含量之和>10%时，需检测甲醇）
	菌落总数（CFU/g）	符合《化妆品安全技术规范》的规定
	霉菌和酵母菌总数（CFU/g）	
	粪大肠菌群（g）	
	金黄色葡萄球菌（g）	
	铜绿假单胞菌（g）	
	铅（mg/kg）	
	汞（mg/kg）	
	砷（mg/kg）	

产品上市前应加做安全性评价试验

3 试验方法

3.1 感官指标

3.1.1 色泽、外观

取试样在室温和非阳光直射下目测观察。

3.1.2 香气

取试样，用嗅觉进行鉴别。

3.2 理化指标

3.2.1 pH

按 GB/T 13531.1 中规定的方法测定（稀释法）。

3.2.2 耐热

3.2.2.1 仪器

电热恒温培养箱（温控精度±1℃）。

3.2.2.2 操作程序

将试样分别放入 2 支 ϕ20mm×120mm 的试管内，使液面高度约 80mm，塞上干净的软木塞。把一支待验的试管置于预先调节至 40℃ 的恒温培养箱内，经 24h 后取出，恢复至室温后与另一支试管的试样进行目测比较。

3.2.3 耐寒

3.2.3.1 仪器

冰箱（温控精度±2℃）。

3.2.3.2 操作程序

将试样分别放入 2 支 ϕ20mm×120mm 的试管内，使液面高度约 80mm，塞上干净的软木塞。把一支待验的试管置于预先调节至-8℃的冰箱内，经 24h 后取出，恢复至室温后与另一支试管的试样进行目测比较。

3.3　卫生指标

按《化妆品卫生规范》规定的方法检验。

QB/T 2874—2007

护肤啫喱

Skin care gel

1　范围

本标准规定了护肤啫喱的术语和定义、要求、试验方法、检验规则和标志、包装、运输、储存。

本标准适用于以护理人体皮肤为主要目的的护肤啫喱，其配方中主要使用高分子聚合物为凝胶剂。

2　技术要求

2.1　感官、理化、卫生指标

感官、理化、卫生指标应符合附表 10 的要求。使用的原料应符合《化妆品安全技术规范》的规定。

2.2　净含量

净含量应符合 JJF 1070《定量包装商品净含量计量检验规则》和《定量包装商品计量监督管理办法》规定。

附表 10　感官、理化、卫生指标

指标名称		指标要求
感官指标	外观	透明或半透明凝胶状，无异物（允许添加有护肤和美化作用的粒子）
	香气	符合规定香气
理化指标	pH（25℃）	3.5～8.5
	耐热	（40±1）℃保持 24 h，恢复室温后与试验前无明显差异
	耐寒	（−8～−10）℃保持 24 h，恢复室温后与试验前无明显差异
卫生指标	菌落总数（CFU/g）	≤1000，眼、唇、儿童产品≤500
	霉菌和酵母菌总数（CFU/g）	≤100
	粪大肠菌群（g）	不得检出
	金黄色葡萄球菌（g）	不得检出
	铜绿假单胞菌（g）	不得检出
	铅（mg/kg）	10
	汞（mg/kg）	1
	砷（mg/kg）	2
	甲醇（mg/kg）	≤2000（乙醇、异丙醇含量之和＞10%时，需检测甲醇）

3 试验方法

3.1　感官指标

3.1.1　外观

取试样在室温和非阳光直射下目测观察。

3.1.2 香气

取试样用嗅觉进行鉴别。

3.2 理化指标

3.2.1 pH

按 G B/T 13531.1 的方法进行（稀释法）。

3.2.2 耐热

3.2.2.1 仪器

恒温培养箱（温控精度±1℃）；试管（Φ20mm×120mm）。

3.2.2.2 操作程序

3.2.2.2.1 非透明包装产品

将试样分别装入 2 支 φ20mm×120mm 的试管内，高度约 80mm，塞上干净的胶塞，将一支待检的试管置于预先调至（40±1）℃的恒温培养箱，24h 后取出，恢复至室温后与另一试管的试样进行目测比较。

3.2.2.2.2 透明包装产品

取两瓶包装完整的试样，把一瓶待检样品置于预先调节至（40±1）℃的恒温培养箱内，24h 后取，恢夏至室温后与另一瓶试样进行目测比较。

3.2.3 耐寒

3.2.3.1 仪器

冰箱（温控精度±2℃）；试管（φ20mm×120mm）。

3.2.3.2 操作程序

3.2.3.2.1 非透明包装产品

将试样分别装入 2 支 φ20mm×120mm 的试管内，高度约 80mm，塞上干净的胶塞，将一支待检的试管置于预先调至（–5～–10）℃的恒温培养箱，24h 后取出，恢复至室温后与另一试管的试样进行目测比较。

3.2.3.2.2 透明包装产品

取两瓶包装完整的试样，把一瓶待检样品置于预先调节至（–5～–10）℃的恒温培养箱内，24h 后取，恢夏至室温后与另一瓶试样进行目测比较。

3.3 卫生指标

按《化妆品安全技术规范》中规定的方法检验。

QB/T 1977—2004

唇　膏

Lipstick

1 范围

本标准规定了唇膏的要求、试验方法、检验规则和标志、包装、运输、储存。

本标准适用于油、脂、蜡、色素等主要成分复配而成的护唇用品。

2 要求

2.1 卫生指标

卫生指标应符合附表 11 的要求。使用的原料应符合《化妆品安全技术规范》的规定。

附表 11　卫生指标

指标名称		指标要求
微生物指标	细菌总数（CFU/g）	≤500
	霉菌和酵母菌总数（CFU/g）	≤100
	粪大肠菌群（g）	不得检出
	金黄色葡萄球菌（g）	不得检出
	铜绿假单胞菌（g）	不得检出
有毒物质限量	铅（mg/kg）	≤10
	汞（mg/kg）	≤1
	砷（mg/kg）	≤2

2.2　感官、理化指标

感官、理化指标应符合附表 12 的要求。

附表 12　感官、理化指标

指标名称		指标要求
感官指标	外观	表面平滑无气孔
	色泽	符合规定色泽
	香气	符合规定香型
理化指标	耐热	（45±1）℃保持 24h，恢复至室温后外观无明显变化，能正常使用
	耐寒	（−5～−10）℃保持 24h，恢复至室温后能正常使用

3 试验方法

3.1　卫生指标

按《化妆品安全技术规范》中规定的方法检验。

3.2　感官指标

3.2.1　外观、色泽

取试样在室温和非阳光直射下目测观察。

3.2.2　香气

取试样用嗅觉进行鉴别。

3.3　理化指标

3.3.1　耐热

3.3.1.1　仪器

恒温培养箱（温控精度±1℃）。

3.3.1.2　操作程序

预先将恒温培养箱调节到（45±1）℃，将试样脱去套子并全部旋出，垂直置于恒温培养箱内。24h 后取出，恢复至室温后目测观察，并将试样少许涂擦于手背上，观察其使用性能。

3.3.2　耐寒

3.3.2.1　仪器

冰箱（温控精度±2℃）。

3.3.2.2　操作程序

预先将冰箱调节到−5～−10℃，将试样置于冰箱内。24h后取出，恢复至室温后将试样少许涂擦于手背上，目测观察其使用性能。

GT/B 29680—2013

洗面奶、洗面膏

Facial washing milk，facial washing cream

1　范围

本标准规定了洗面奶、洗面膏的术语和定义、分类、要求、试验方法、检验规则和标志、包装、运输、储存、保质期。

本标准适用于以清洁面部皮肤为主要目的的洗面奶、洗面膏。

2　术语和定义

2.1　乳化型洗面奶

由水、油两相原料经少量表面活性剂乳化制得的洗面奶。

2.2　乳化型洗面膏

由水、油两相原料经少量表面活性剂乳化制得的洗面膏。

2.3　非乳化型洗面奶（non-emulsion-type facial washing milk）

主要以表面活性剂包括脂肪酸盐类，经复配其他原料混合制得的洗面奶。

2.4　非乳化型洗面膏（non-emulsion-type facial washing cream）

主要以表面活性剂包括脂肪酸盐类，经复配其他原料混合制得的洗面膏。

3　分类

根据洗面奶、洗面膏产品的工艺不同，可分为乳化型（Ⅰ型）、非乳化型（Ⅱ型）。

4　要求

4.1　原料

使用的原料应符合《化妆品安全技术规范》的规定。使用的香精应符合GB/T 22731的要求。

4.2　感官、理化、卫生指标

感官、理化、卫生指标应符合附表13的要求。

附表13　感官、理化、卫生指标

指标名称		指标要求	
		乳化型（Ⅰ型）	非乳化型（Ⅱ型）
感官指标	色泽	符合规定色泽	
	香气	符合规定香型	
	质感	均匀一致（含颗粒或罐装成特定外观的产品除外）	
理化指标	耐热	（40±1）℃保持24h，恢复至室温后无分层现象	
	耐寒	（−8±2）℃保持2h，恢复至室温后无分层、泛粗、变色现象	

续表

指标名称		指标要求	
		乳化型（Ⅰ型）	非乳化型（Ⅱ型）
理化指标	pH（25）℃	4.0～8.5 （含 α-羟基酸、β-羟基酸产品可按企标执行）	4.0～11.0 （含 α-羟基酸、β-羟基酸产品可按企标执行）
	离心分离	2000r/min，30min 无油水分离（颗粒沉淀除外）	—
卫生指标	菌落总数（CFU/g 或 CFU/ml）	≤1000	
	霉菌和酵母菌总数(CFU/g 或 CFU/ml)	≤100	
	粪大肠菌群（g 或 ml）	不得检出	
	金黄色葡萄球菌（g 或 ml）	不得检出	
	铜绿假单胞菌（g 或 ml）	不得检出	
	铅（mg/kg）	≤10	
	汞（mg/kg）	≤1	
	砷（mg/kg）	≤2	

5 试验方法

5.1 感官指标

5.1.1 色泽

取试样在室温和非阳光直射下目测观察。

5.1.2 香气

取试样用嗅觉进行鉴别。

5.1.3 质感

取试样适量，在室温下涂于手背或双臂内侧观察。

5.2 理化指标

5.2.1 耐热

5.2.1.1 仪器

恒温培养箱（温控精度±1℃）。

5.2.1.2 操作程序

预先将恒温培养箱调节到 40℃，将包装完整的试样置于恒温培养箱内，24h 后取出，恢复至室温后目测观察。

5.2.2 耐寒

5.2.2.1 仪器

冰箱（温控精度±2℃）。

5.2.2.2 操作程序

预先将冰箱调节到-8℃，将包装完整的试样置于冰箱内，24h 后取出，恢复至室温后目测观察。

5.2.3 pH

按 GB/T 13531.1 中规定的方法测定（稀释法）。

5.2.4 离心分离

5.2.4.1 仪器

角式低速台式离心机,最大相对离心力 19.6～30.7N;离心管(刻度 10ml 2 支);恒温培养箱(温控精度±1℃)。

5.2.4.2　操作

于离心管中注入试样约 2/3 高度并装实,用塞子塞好。然后放入预先调节到 38℃的恒温培养箱内,保持 1h 后,立即移入离心机中,并将离心机调整到 2000r/min 的离心速度,旋转 30min 取出观察。

5.3　卫生指标

按《化妆品安全技术与规范》规定的方法检验。

QB/T1994—2013

沐　浴　剂

Bath agents and shower agents

1 范围

本标准规定了沐浴剂的术语和定义、产品分类和标记、要求、试验方法、检验规则、标志、包装、运输、储存和保质期。

本标准适用于以表面活性剂和调理剂配制而成的用于清洁和滋润皮肤的洗涤产品(香皂除外)。

2 产品分类和标记

按产品使用对象分为成人(普通、浓缩)型和儿童(普通、浓缩)型。

标记中标准年代号可省略。未标执行年代号者,则为执行现行有效标准。执行其他标准的产品标记按所执行标准规定进行。商品名或使用说明中表明产品具有浓缩特性的为浓缩型(如采用浓缩、高浓度、加浓等词汇描述),否则为普通型。

3 要求

3.1 基本要求

沐浴剂产品的安全性应符合 GB/T 26396—2011 中对 B 类产品的相关规定。

3.2 感官、理化和微生物指标

沐浴剂产品的感官、理化和微生物指标应符合附表 14 的要求。

附表 14　感官、理化和微生物指标

指标名称		指标要求			
		成人		儿童	
		普通型	浓缩型	普通型	浓缩型
感官指标	外观	液体或膏状产品不分层,无明显悬浮物(加入均匀悬浮颗粒组分的产品除外)或沉淀;块状产品色泽均匀、光滑细腻,无明显机械杂质和污迹			
	气味	无异味,符合规定香型			
理化指标	稳定性(液体或膏状产品)	耐热:(40±2)℃保持 24h,恢复至室温后与试验前后无明显变化;耐寒:(-5±2)℃保持 24h,恢复至室温后与试验前无明显变化			
	总有效物(%)	≥7	≥14	≥5	≥10
	pH(25℃)	4.0～10.0		4.0～8.5	
	汞(mg/kg)≤	1			

续表

指标名称		指标要求			
		成人		儿童	
		普通型	浓缩型	普通型	浓缩型
理化指标	铅（mg/kg）≤	40			
	砷（mg/kg）≤	10			
微生物指标	菌落总数（CFU/g 或 ml）≤	1000		500	
	粪大肠菌群（g）	不应检出			
	铜绿假单胞菌（g）	不应检出			
	金黄色葡萄球菌（g）	不应检出			
	霉菌和酵母菌（CFU/g 或 ml）≤	100			

pH 测试浓度：液体或膏状产品 10%，固体产品 5%

4 试验方法

除非另有说明，在分析中仅使用确认为分析纯的试剂和蒸馏水或去离子水或相当纯度的水。

4.1　外观

液体或膏状产品：量取不少于 200ml 的试样。置于干燥洁净的无色具塞广口玻璃瓶中，在非直射光条件下进行观察。

块状产品：在非直射光条件下进行观察。

4.2　气味

取适量试样用嗅觉进行鉴别。

4.3　稳定性

量取不少于 100ml 的试样两份，分别置于 250ml 的无色具塞广口玻璃瓶中，一份于（40±2）℃的保温箱中放置 24h，取出恢复至室温后观察：另一份于（-5±2）℃的冰箱中放置 24h，取出恢复至室温后观察。

4.4　总有效物

一般情况下按 GB/T 13173 中第 7 章规定的 A 法进行测定。

当产品配方中含有不溶于乙醇的表面活性剂组分时，或客商订货合同书规定总有效物含量检测结果不包括水助溶剂，要求用三氯甲烷萃取法测定时，应按 GB/T 13173 中第 7 章规定的 B 法进行测定。

4.5　pH

按《化妆品安全技术规范》中规定的方法进行试验。

测试温度为 25℃，用新煮沸并冷却的蒸馏水配制，液体或膏体产品的试验溶液质量浓度分别为 10%，固体产品为 5%，混匀后测定。

4.6　汞、铅、砷和微生物

按《化妆品安全技术规范》中规定的方法进行试验。

GB/T 29679—2013

洗发液、洗发膏

Hair shampoo，cream shampoo

1 范围

本标准规定了洗发液、洗发膏的术语和定义、分类、要求、试验方法、检验规则和标志、包装、运输、储存、保质期。

本标准适用于以表面活性剂为主要活性成分复配而成的、具有清洁人的头皮和头发、并保持其美观作用的洗发液和洗发膏产品。

2 术语和定义

2.1 有效物含量（effective matter content）

产品的总固体含量中除去乙醇不溶物无机盐和乙醇溶解物中氯化物（以氯化钠计）的含量。

2.2 活性物含量（active matter content）

产品中阴离子表面活性剂的含量。

3 要求

3.1 原料

使用的原料应符合《化妆品安全技术规范》的要求，使用的香精应符合 GB/T 22731 的要求。产品配方中使用的阴离子表面活性剂的初级生物降解度水不应低于 90%。

3.2 感官、理化、卫生指标：应符合附表 15 的要求。

附表 15　感官、理化、卫生指标

指标名称		指标要求	
		洗发液	洗发膏
感官指标	外观	无异物	
	色泽	符合规定色泽	
	香气	符合规定香气	
理化指标	耐热	（45±1）℃保持 24h 无弯曲软化，能正常使用	
	耐寒	（−8～−10）℃保持 24h，恢复室温后无裂纹，能正常使用	
	过氧化值（%）	≤0.2	
卫生指标	汞（mg/kg）	≤1	
	砷（mg/kg）	≤2	
	铅（mg/kg）	≤10	
	菌落总数（CFU/g）	≤1000	
	霉菌和酵母菌总数（CFU/g）	≤100	
	粪大肠菌群（g）	不得检出	
	金黄色葡萄球菌（g）	不得检出	
	铜绿假单胞菌（g）	不得检出	

注：初级生物降解度的试验方法参见 GB/T 15818

4 试验方法

4.1 感官指标

4.1.1　外观、色泽

取试样在室温和非日光直射下目测观察。

4.1.2　香气

取试样用嗅觉进行鉴别。

4.2　理化指标

4.2.1　耐热（洗发液）

4.2.1.1　仪器

恒温箱（温控精度±1℃）；试管（ϕ20mm×120mm）。

4.2.1.2　操作程序

取试样分别倒入 2 支支ϕ20mm×120mm 的试管内，使液面高度约 80mm，塞上干净的塞子。把一支待验的试管置于预先调节至 40℃的恒温箱内，经 24h 后取出，恢复至室温后与另一支试管的试样进行目测比较。

4.2.2　耐热（洗发膏）

4.2.2.1　仪器

恒温箱（温控精度±1℃）。

4.2.2.2　操作程序

预先把恒温箱调节至 40℃，把包装完整的试样一瓶置于恒温箱内，24h 后取出，恢复至室温后目测观察。

4.2.3　耐寒（洗发液）

4.2.3.1　仪器

冰箱（温控精度±2℃）；试管（ϕ20mm×120mm）。

4.2.3.2　操作程序

将试样分别倒入 2 支ϕ20mm×120mm 的试管内，使液面高度约 80mm，塞上干净的塞子。把一支待验的试管置于预先调节至-8℃的冰箱内，经 24h 后取出，恢复至室温后与另一支试管的试样进行目测比较。

4.2.4　耐寒（洗发膏）

4.2.4.1　仪器

冰箱（温控精度±2℃）。

4.2.4.2　操作程序

预先将冰箱调节至规定温度-8℃，把包装完整的试样一瓶置于冰箱内。24h 后取出，恢复至室温后目测观察。

4.2.5　pH

按 GB/T 13531.1 中规定的方法测定（稀释法）。

4.2.6　泡沫（洗发液）

4.2.6.1　仪器

罗氏泡沫仪（包括 200ml 定量漏斗）；温度计（精度±1℃）；天平（精度 0.1g）；超级恒温仪（精度±1℃）；量筒（100ml）；烧杯（1000ml）。

4.2.6.2　试剂

1500 mg/kg 硬水：称取无水硫酸镁（$MgSO_4$）3.7g 和无水氯化钙（$CaCl_2$）5.0g，充分溶解于 5000ml 蒸馏水中。

4.2.6.3　操作程序

将超级恒温仪预热至（40±1）℃，使罗氏泡沫仪恒温在（40±1）℃。称取样品 2.5g，加蒸馏水 900ml 溶解，再加入 1500mg/kg 硬水 100ml，加热至（40±1）℃。搅拌使样品均匀溶解，用 200ml 定量漏斗吸取部分试液，沿泡沫仪壁管冲洗一下。然后取试液放入泡沫仪底部对准标准刻度至 50ml，再用 200ml 定量漏斗吸取试液，固定漏斗中心位置，放完试液，立即记下泡沫高度，取两次误差在允许范围内的结果平均值作为最后结果，结果保留至整数位。

4.2.6.4　精密度

在重复性条件下获得的两次独立试验结果之间的绝对差值不大于 5mm。

4.2.7　泡沫（洗发膏）

按 GB/T 13173 中洗涤剂发泡力的测定（Ross-Miles 法）测定，读取起始泡沫高度。试液质量浓度：2%。

4.2.8　有效物含量（洗发液）

4.2.8.1　总固体

4.2.8.1.1　仪器

分析天平（精度 0.0001g）；恒温干燥箱（精度±1℃）；烧杯（250ml）；干燥器。

4.2.8.1.2　操作程序

在烘干恒重的烧杯中称取试样 2g（精确至 0.0001g），于（105±1）℃恒温干燥箱内烘干 3h，取出放入干燥器中冷却至室温，称其质量（精确至 0.0001g）。

4.2.8.1.3　结果表示

按式（2）计算总固体含量 X_1，以%表示：

$$X_1 = \frac{m_3 - m_1}{m_2 - m_1} \times 100\% \tag{2}$$

式中，m_3 为烘干后残余物和烧杯的质量，单位为克（g）；m_1 为空烧杯的质量，单位为克（g）；m_2 为烘干前试样和烧杯的质量，单位为克（g）。结果保留一位小数。

4.2.8.2　无机盐（乙醇不溶物）

4.2.8.2.1　仪器

分析天平（精度 0.0001g）；恒温干燥箱（精度±1℃）；水浴加热器；古氏坩埚（30ml）；锥形抽滤瓶（500ml）；抽滤器或小型真空泵；量筒（100ml）；干燥器。

4.2.8.2.2　试剂

95%乙醇（化学纯）；酚酞指示剂（10 g/L）（称取 1.0 g 酚酞，溶于 95%乙醇，用 95%乙醇稀释至 100ml）；

0.1 mol/L 氢氧化钠溶液（按 QB/T 2470 制备）；

95%中性乙醇（取适量 95%乙醇，加入几滴酚酞指示剂，用 0.1mol/L 氢氧化钠溶液滴定至微红色）。

4.2.8.2.3　操作程序

利用 4.2.8.1.2 中烘干的试样，加入 95%中性乙醇 100ml，在水浴中加热至微沸，取出。轻轻搅拌，使样品尽量溶解。静置沉淀后，将上层澄清液倒入已恒重并铺有滤层的古氏坩埚内，用抽滤器过滤至抽滤瓶中，尽可能将固体不溶物留在烧杯中，并用适量 95%中性乙醇洗涤烧杯两次。将沉淀一起移入已恒重的古氏坩埚内，将古氏坩埚放入（105±1）℃的恒温干燥箱内，恒温 3h，取出放入干燥器内冷却至室温后称重（精确至 0.0001g）。

4.2.8.2.4 结果表示

按式（3）计算无机盐含量 X_2，以%表示：

$$X_2 = \frac{m_1}{m_0} \times 100\%$$

(3)

式中，m_1 为古氏坩埚中沉淀物的质量，单位为克（g）；m_0 为试样的质量，单位为克（g）。结果保留一位小数。

4.2.8.3 氯化物

4.2.8.3.1 仪器

棕色酸式滴定管。

4.2.8.3.2 试剂

5%铬酸钾（分析纯）（称取铬酸钾 5 g，用蒸馏水溶解并稀释至 100ml）。

0.1 mol/L 硝酸银标准溶液（称取分析纯硝酸银 16.989g，用水溶解并移入 1000ml 棕色容量瓶中，稀释至刻度，摇匀。按 QB/T 2470 中的方法标定）。

4.2.8.3.3 操作程序

在 4.2.8.2.3 中所过滤的滤液中，滴入几滴酚酞指示剂，用酸碱溶液调节使溶液呈微红色，然后加入 5%铬酸钾 2～3ml，用 0.1mol/L 硝酸银标准溶液滴定至红色缓慢褪去，最后呈橙色时为终点。

4.2.8.3.4 结果表示

按式（4）计算氯化物含量（以氯化钠计）X_3，单位以%表示：

$$X_3 = \frac{c \times V \times 0.0585}{m} \times 100\%$$

（4）

式中，c 为硝酸银标准溶液的浓度，单位为摩尔每升（mol/L）；V 为滴定试样时消耗的硝酸银标准溶液的体积，单位为毫升（ml）；0.0585 为与 1.00ml 硝酸银标准溶液[c（$AgNO_3$）=1.0000mol/L]相当的以克表示的氯化钠的质量，单位为克每毫摩尔（g/mmol）；m 为试样的质量，单位为克（g）。结果保留一位小数。

4.2.8.4 有效物含量

按式（5）计算有效物含量 X，以%表示：

$$X = X_1 - X_2 - X_3$$

（5）

式中，X_1 为总固体的含量（%）；X_2 为无机盐含量（%）；X_3 为氯化物含量（以氯化钠计，%）。结果保留一位小数。

4.2.9 活性物含量（洗发膏）

按 GB/T 5173 中规定的方法测定。

4.3 卫生指标

按《化妆品安全技术规范》规定的方法检验。

QB/T 2285—1997

头发用冷烫液

Perm Lotion

1 范围

本标准规定了头发用冷烫液产品技术要求、试验方法、检验规则及标志、包装、运输、储存等要求。

本标准适用于完全以巯基乙酸为还原剂，添加各种乳化剂、芳香剂等辅料配制而成的化学卷发剂系美发用化妆品。

2 产品分类

冷烫液按其剂型分为：水剂型（水溶液型）和乳剂型；按使用方法分为：热敷型和不热敷型。

3 技术要求

3.1 冷烫液由卷发剂和定型剂两部分组成。

3.2 卷发剂质量标准

卷发剂质量标准见附表 16 规定。

附表 16 卷发剂指标

指标名称	指标要求
外观	水剂：清晰透明液体（允许微有沉淀） 乳剂：乳状液体（允许轻微分层）
气味	略有氨的气味
pH	＜9.8
游离氨含量（g/ml）	≥0.0050
巯基乙酸含量（g/ml）	热敷型：0.0680～0.1174 不热敷型：0.0800～0.1175

3.3 定型剂质量标准

定型机质量标准见附表 17 规定。

附表 17 定型剂指标

定型剂	指标名称	指标要求
过氧化氢 （溶液）	外观	透明水状溶液
	含量（g/ml）	0.0150～0.0400
	pH	2～4
溴酸钠 （溶液）	外观	透明或乳状液体
	含量（g/ml）	≥0.0700
	pH	4～7
过硼酸钠（固体）	外观	细小白色结晶
	含量（g/ml）	≥96
	稳定性（%）	≥90

3.4 产品卫生指标

应符合 GB 7916 中巯基乙酸浓度的规定。

4 试验方法

4.1 外观

卷发剂和定型剂均凭视觉于明亮处观察。

4.2　气味

凭嗅觉检查。

4.3　pH

卷发剂和定型剂均用酸度计直接测定。

4.4　游离氨含量

4.4.1　试剂

a）硫酸标准溶液 0.1mol/L，按 GB 601 配制及标定。

b）氢氧化钠标准溶液 0.1mol/L，按 GB 601 配制及标定。

c）溴甲酚绿-甲基红（1∶1）指示剂：0.1%乙醇溶液。

4.4.2　测定

用移液管吸取冷烫液 10ml 于 100ml 容量瓶中，用去离子水稀释至刻度再用移液管吸取 10ml 于 300ml 锥形瓶中，加去离子水 50ml，准确加人 0.1mol/L 硫酸标准溶液 25ml，加热至沸，冷却后加入溴甲酚绿-甲基红混合指示剂 2、3 滴，用 0.1mol/L 氢氧化钠标准溶液滴定至溶液由红变为绿色为终点。

游离氨的含量 X_1（g/ml）按式（6）计算。

$$X_1=（25×c_1-V×c_2）×0.017\ 03 \qquad (6)$$

式中，c_1 为酸标准溶液的实际浓度，mol/L，c_1（$1/2H_2SO_4$）=1 mol/L，即每升含有硫酸 0.1×49g，基本单元是硫酸分子的 1/2；V 为氧化钠标准溶液的用量，单位为毫升（ml）；c_2 为氧化钠标准溶液的实际浓度，单位为摩尔每升（mol/L），c_2（NaOH）= 0.1mol/L，即每升含氢氧化钠 0.1×40.01g，基本单元是氢氧化钠分子；0.017 03 为与 1.00ml 硫酸标准溶液[c_1（$1/2H_2SO_4$）=1.000mol/L]相当的游离氨的质量，g。

所得结果应表示至四位小数。

4.5　巯基乙酸含量

4.5.1　方法提要

含有巯基乙酸及其盐类的化妆品经预处理后，用碘的标准溶液滴定定量。其反应方式如下：

$$2HSCH_2COOH+I_2 \longrightarrow HOOCH_2C—S—CH_2COOH+2HI$$

4.5.2　试剂

a）盐酸（优级纯）：ϕ（HCl）=10%。

b）三氯甲烷（优级纯）。

c）硫代硫酸钠溶液（0.1 mol/L），配制及标定见 GB 601-1988 中 4.6。

d）淀粉溶液（10g/L），称可溶性淀粉 1g 溶于 100ml 煮沸水中，加水杨酸 0.1g 或氯化锌 0.4 防腐。

e）碘标准溶液：c（I_2）=0.05mol/L，称碘 13.0g 和碘化钾 40g，加水 50ml，溶解后加入盐酸 3 滴，用水稀释至 1000ml，过滤后转入棕色瓶中，用硫代硫酸钠溶液标定其准确浓度，方法如下所示。

准确吸取碘标准溶液 25.00ml 置于碘量瓶中，加纯水 150ml，用 0.1mol/L 硫代硫酸钠标准溶液滴定，近终点时加淀粉溶液 2ml，继续滴定至蓝色消失，同时做水所消耗碘的空白实验，按式（7）计算结果。

$$c=\frac{(V-V_0)×M}{25.00} \qquad (7)$$

式中，c 为碘标准溶液浓度，单位为摩尔每升（mol/L）；V 为滴定碘标准溶液硫代硫酸钠用量，单位为毫升（ml）；V_0 为空白实验硫代硫酸钠用量，单位为毫升（ml）；M 为硫代硫酸钠标准溶液的浓度，单位为摩尔每升（mol/L）。

4.5.3 仪器

酸式滴定管；电磁搅拌器（搅拌棒外层不要包裹塑料套）。

4.5.4 样品预处理

准确量取溶液状样品 2.0ml 于锥形瓶中，加 10%盐酸 20ml 及水 50ml 缓慢加热至沸腾，冷却后加三氯甲烷 5ml，用电磁搅拌器搅拌 5min 作为待测液备用。

4.5.5 测定

以淀粉溶液作指示剂，用 0.05mol/L 的碘标准溶液滴定待测液，至溶液呈稳定的蓝色即为终点。

4.5.6 计算

按式（8）计算巯基乙酸及其盐酸类的含量 X_2（均以巯基乙酸计）。

$$X_2(\text{g/100ml}) = \frac{92.1 \times c \times V_1 \times 2 \times 100}{1000 \times V_2} \quad (8)$$

式中，c 为碘标准溶液的浓度，单位为摩尔每升（mol/L）；V_1 为滴定后碘溶液的消耗量，单位为毫升（ml）；V_2 为溶液状样品的取样体积，单位为毫升（ml）；92.1 为巯基乙酸的摩尔质量；2 为碘与巯基乙酸反应的分子系数（1分子碘与2分子巯基乙酸反应）。

4.6 过硼酸钠

含量及稳定度均按 GB 1623 测定。

4.7 过氧化氢

4.7.1 试剂

a）碘化钾溶液：5%。
b）钼酸铵溶液：3%。
c）硫酸溶液：2mol/L。
d）硫代硫酸钠标准溶液：0.1mol/L，按 GB/T 601 配制及标定。

4.7.2 测定

用移液管吸取定型剂 10ml，于容量瓶中稀释至 100ml，取上述溶液 10ml 放入锥形瓶中，加去离子水 80ml，2mol/L 硫酸 20ml 酸化，再加入 5%碘化钾溶液 20ml，加钼酸铵溶液 3 滴，用 0.1mol/L 硫代硫酸钠标准溶液滴定，近终点时加入 1%淀粉指示剂 2ml，滴至无色为终点。

过氧化氢的含量 X_3（g/ml）按式（9）计算。

$$X_3 = V \times c \times 0.017\,10 \quad (9)$$

式中，V 为硫代硫酸钠标准溶液的用量，单位为毫升（ml）；c 为硫代硫酸钠标准溶液的实际浓度，单位为摩尔/升（mol/L）；$c(\text{Na}_2\text{S}_2\text{O}_3) = 0.1\text{mol/L}$，即每升含有硫代硫酸钠 0.1×158.1g，基本单元是硫代硫酸钠分子；0.017 10 为与 1.00ml 硫代硫酸钠标准溶液[$c(\text{Na}_2\text{S}_2\text{O}_3) = 1.000\text{mol/L}$]相当的过氧化氢的质量。所得结果应表示至四位小数。

4.8 溴酸钠

4.8.1 试剂

a）硫代硫酸钠标准溶液 0.1mol/L，按 GB/T 601 配制及标定。
b）碘化钾，分析纯。

c）稀硫酸 1∶10。

d）淀粉指示剂。

4.8.2　测定

用移液管吸取定型剂 10ml 于 100ml 容量瓶中用去离子水稀释至刻度,再用移液管吸取 10ml 于 300ml 碘量瓶中,加入去离子水 40ml,碘化钾 3g 及稀硫酸 15ml,盖好瓶盖后于冷暗处放置 5min 加淀粉指示剂 3ml,用 0.1mol/L 硫代硫酸钠滴定至无色,并做空白试验。溴酸钠含量 X_4（g/ml）按式（10）计算。

$$X_4=c\times(V_A-V_B)\times0.025\ 15 \tag{10}$$

式中,c 为硫代硫酸钠标准溶液的实际浓度,单位为摩尔/升（mol/L）,$c(Na_2S_2O_3)$=0.1mol/L 即每升含硫代硫酸钠 0.1×158.18,基本单元是硫代硫酸钠分子;V_A 为试样所消耗硫代硫酸钠标准溶液的体积,单位为毫升（ml）;V_B 为空白所消耗硫代硫酸钠标准溶液的体积,单位为毫升（ml）;0.02515 为与 1.00ml 硫代硫酸钠标准溶液[$c(Na_2S_2O_3)$=1.000mol/L]相当的溴酸钠的质量,g。

QB/T2287—2011

指　甲　油

Nailenamel

1 范围

本标准规定了发乳的术语和定义、分类、要求、试验方法、检验规则及标志、包装、运输、储存、保质期。

本标准适用于以溶剂、成膜剂等原料制成的美化、修饰、护理指甲（趾甲）用的稠状液体产品。

2 术语和定义

有机溶剂型指甲油（organic solvent-based nail enamel）,以乙酸乙酯、丙酮等有机化合物为液体溶剂制成的指甲油。水性型指甲油（water-based nail enamel）,以水代替有机溶剂制成的指甲油。

3 分类

指甲油按产品基质不同,可分为有机溶剂型指甲油（Ⅰ型）和水性型指甲油（Ⅱ型）。

4 要求

4.1　原料要求

使用的原料应符合《化妆品安全技术规范》规定。甲苯不得用于儿童用指甲油,在其他产品中用量应不大于 25%。使用的香精应符合 GB/T 22731 的规定。

4.2　包装材料的要求

指甲油直接接触的容器材料应无毒,不得含有或释放可能对使用者造成伤害的有毒物质。

4.3　感官、理化、卫生指标

应符合附表 18 的规定。

附表 18　感官、理化、卫生指标

指标名称		指标要求	
		有机溶剂型（Ⅰ型）	水性型（Ⅱ型）
感官指标	外观	透明指甲油：清晰、透明 有色指甲油：符合企业规定	
	色泽	符合企业规定	
理化指标	牢固度	无脱落	
	干燥时间（min）	≤8	
卫生指标	菌落总数（CFU/g）	≤1000	
	霉菌和酵母菌总数（CFU/g）	≤100	
	粪大肠菌群（g）	不得检出	
	金黄色葡萄球菌（g）	不得检出	
	铜绿假单胞菌（g）	不得检出	
	铅（mg/kg）	≤10	
	汞（mg/kg）	≤1	
	砷（mg/kg）	≤2	
	甲醇（mg/kg）	≤2000	

注：Ⅰ型指甲油不测微生物指标

5　试验方法

5.1　外观

取完整样品在室温和非阳光直射下目测。

5.2　色泽

在室温和非阳光直射下目测。

5.3　牢固度

5.3.1　试剂和仪器

试剂：乙酸乙酯（化学纯）。

仪器：温度计（分度值 0.5℃）；载玻片（75.5mm×25.5mm×1.2mm）；不锈钢尺；绣花针（9号）。

5.3.2　操作程序

在室温（20±1）℃下，用乙酸乙酯擦洗干净载玻片，待干燥后用笔刷蘸满指甲油试样涂刷一层在载玻片上，放置24h后，用绣花针划成横和竖交叉的各五条线，每条间隔为1mm，观察，应无一方格脱落。

5.4　干燥时间

5.4.1　试剂和仪器

试剂：乙酸乙酯（化学纯）。

仪器：温度计（分度值 0.5℃）；载玻片（75.5mm×25.5mm×1.2mm）；不锈钢尺；绣花针（9号）；秒表。

5.4.2　操作程序

在室温（20±5）℃，相对湿度≤80%条件下，用乙酸乙酯擦洗干净载玻片，待干燥后用笔刷蘸满指甲油试样一次性涂刷在载玻片上，立即按动秒表，8min后用手触摸干燥与否。

5.5　卫生指标

按《化妆品安全技术规范》中规定的方法检验。

GB 8372—2008

牙　膏

Toothpaste

1　范围

本标准规定了牙膏的术语和定义、要求、试验方法、检验规则、标志。

本标准适用于清洁及护理口腔的各种牙青。

2　术语和定义

牙膏，由摩擦剂、保湿剂、增稠剂、发泡剂、芳香剂、水和其他添加剂（含用于改善口腔健康状况的功效成分）混合组成的膏状物质。

3　要求

3.1　牙膏用原料要求

生产牙膏所使用的原料应符合 GB22115 的要求。

3.2　卫生指标

牙膏产品的卫生指标应符合附表 19 的要求。

附表 19　卫生指标

指标名称		指标要求
微生物指标	菌落总数（CFU/g）	≤500
	霉菌和酵母菌总数（CFU/g）	≤100
	粪大肠菌群（g）	不得检出
	金黄色葡萄球菌（g）	不得检出
	铜绿假单胞菌（g）	不得检出
有毒限量物质	铅（mg/kg）	≤10
	砷（mg/kg）	≤2

3.3　感官、理化指标

感官、理化指标应符合附表 20 的要求。

附表 20　感官、理化指标

指标名称		指标要求
感官指标	膏体	均匀、无异物
理化指标	pH	5.5～10.0
	稳定性	膏体不溢出管口，不分离出液体，香味色泽正常
	过硬颗粒	玻片无划痕
	可溶性或游离氟（%）（下限仅适用于含氟防龋齿牙膏）	0.05～0.15（适用于含氟牙膏） 0.05～0.11（适用于儿童含氟牙膏）
	总氟（%）（下限仅适用于含氟防龋齿牙膏）	0.05～0.15（适用于含氟牙膏） 0.05～0.11（适用于儿童含氟牙膏）

4 试验方法

本标准所用试剂和水，除特殊规定外，均为分析纯试剂和符合 GB/T 6682 规定的水。

本标准中滴定分析用标准溶液、杂质测定用标准溶液、实验方法所用制剂和制品，除特殊规定外，均按 GB/T601、GB/T602 和 GB/T603 的规定制备。

对于按称其质量方法计算最后检测结果的指标采取先挤出 20mm 膏体，弃去，然后在挤样称量的取样方法。

4.1   微生物指标

按《化妆品安全技术规范》的规定进行。

4.2   铅含量

4.2.1   以碳酸钙或磷酸氢钙为摩擦剂的牙膏

4.2.1.1   试剂

a）硝酸；

b）硝酸溶液：5mol/L。

c）硝酸溶液：0.2mol/L。

d）硝酸溶液：0.01mol/L。

e）过氧化氢溶液：含量 30%。

f）氨水：氨含量 25%～28%。

g）1%氢氧化铵溶液：取氨水 4ml 加水稀释至 100ml。

h）10%氨基磺酸铵溶液：称取氨基磺酸按 10g，加水溶解并稀释至 100ml。

i）2%二硫代氨基甲酸四氢化吡咯铵（APDC）溶液：为原子吸收分析试剂，称取 500mg，加水 25ml 溶解。储存于棕色瓶，冰箱保存，1 周后重配。

j）铅标准储备液：含铅 1mg/ml。

k）铅标准溶液：吸取铅标准储备液 10.0ml 于 100ml 容量瓶中，用 0.01mol/L 硝酸溶液稀释至刻度（含铅 100μg/ml）。用 0.01mol/L 硝酸溶液再分别稀释，得到含铅为 1μg/ml、3μg/ml、5μg/ml 的铅标准溶液。

l）三氯甲烷。

m）Hg^{2+}溶液：称取氧化汞 0.537g 于小烧杯中，加硝酸 1ml 使之溶解，加水约 50ml，过滤，用少许水洗烧杯及漏斗。加水约 480ml，用 5mol/L 和 0.2mol/L 硝酸溶液调 pH 至 1.6，加水至 500ml。溶液含 Hg^{2+} 为 1000μg/ml。

4.2.1.2   仪器

pH 计（精度为 0.02pH 单位）；原子吸收分光光度计（检测波长 283.3nm）。

4.2.1.3   样品的制备及测定。任取试样牙膏 1 支，从中称取牙膏 2g 精确至 0.01g 于 150ml 锥形瓶中，加水 5ml，硝酸 5ml，用小火加热并振摇，至牙膏溶解。稍冷，加 30%过氧化氢溶液 1.5ml，振摇，小火加热至过氧化氢完全分解，如产生红棕色二氧化氮烟雾，立即加 10%氨基磺酸铵溶液 2ml 加热至溶液微沸，迅速加水至 50ml，使其快速冷却，加氨水 3ml 冷至室温后溶液转入 100ml 烧杯，用水 10ml 分两次洗涤锥形瓶。用氨水及 1%氢氧化铵溶液调 pH 为 1.1～1.2。此时溶液会出现少量混浊。滤入 125ml 分液漏斗中，用 5ml 水洗涤烧杯及漏斗。溶液中加 2%二硫代氨基甲酸四氢化吡咯铵溶液 1ml，摇匀，放置约 3min，加三氯甲烷 10ml，振摇 2min，分层后三氯甲烷转入另一分液漏斗中，再用三氯甲烷 10ml 重复萃取，合并萃取液。加 Hg^{2+} 溶液 10.0ml，振摇 2min，分层后取上层水相供火焰原子吸收测定。同时以 0.01mol/L 硝酸溶液为空白，测定铅标准系列 1μg/ml、3μg/ml、5μg/ml 的

吸收，以铅浓度为横坐标，铅吸收为纵坐标绘制标准曲线。

4.2.2　以二氧化硅、或氢氧化铝为摩擦剂的牙膏

4.2.2.1　试剂

硫酸；其他试剂与4.2.1.1相同。

4.2.2.2　仪器

与4.2.1.2相同。

4.2.2.3　样品的制备及测定

a）二氧化硅牙膏：任取试样牙膏1支，从中称取牙膏2g，精确至0.01g，置于250ml锥形瓶中，加水5ml，硝酸5ml，用小火加热至膏体溶解，稍冷，加过氧化氢溶液1.5ml，振摇，用小火加热至红棕色二氧化氮气体生成，立刻加入10%氨基磺酸铵溶液2ml，稍冷却下，加水20ml，冷却至室温，用两层滤纸进行抽滤，用15ml水分数次洗涤锥形瓶级布氏漏斗内壁与沉淀物，将抽滤液移入100ml烧杯，用10ml水分两次洗涤抽滤瓶，调pH至1.2，以下操作除加5.0ml Hg^{2+}溶液反萃取外，其余按氢氧化铝牙膏络合萃取及测定进行。

b）氢氧化铝牙膏，任取试样牙膏1支，从中称取牙膏2g精确到0.01g于250ml锥形瓶中，加入硝酸15ml，硫酸1ml，加热至产生红棕色二氧化氮气体，取下，稍冷，加入过氧化氢溶液2ml，震荡，冷却至室温，加水10～15ml及过氧化氢溶液1ml，煮沸5～6min，且不断振摇，冷却至室温，加入2ml 10%氨基磺酸铵溶液，稍冷取下，加速加水至60ml，使其快速冷却至室温，调节溶液pH至1.0后，移入125ml分液漏斗，加入2%APDC溶液1ml与三氯甲烷10ml振荡2min，分层后三氯甲烷转入另一分液漏斗中，再用三氯甲烷10ml重复萃取，合成萃取液，加Hg^{2+}溶液10ml，振荡2min，分层后取上层水相供火焰原子吸收测定，同时以0.01mol/L硝酸溶液为空白，测定铅标准系列1μg/ml、3μg/ml、5μg/ml的吸收，以铅浓度为横坐标，铅吸光度为纵坐标绘制标准曲线。

4.2.3　允许差

两次平行测定结果的允许差为±5%

4.3　砷含量

按《化妆品安全技术规范》进行测定。

4.4　膏体

任取试样牙膏2支，剖管后按照附表20中的感官指标要求检测。

4.5　pH

4.5.1　仪器

pH计（精度为0.02）；温度计（精度为0.2℃）。

4.5.2　测定程序

任取试样牙膏1支，中称取牙膏5g，精确至0.01g，置于50ml烧杯内，加入预先煮沸冷却的蒸馏水20ml，充分搅拌均匀20℃下用pH计测定。

4.5.3　结果表示

平行测定值的绝对差值不大于0.02pH单位，取其算术平均值作为测定结果。

4.6　稳定性

4.6.1　仪器

冰箱（精度±1℃）；电热恒温培养箱（精度±1℃）。

4.6.2　测定程序

取试样牙膏2支，1支样品室温保存，另一支样品放入（−8±1）℃的冰箱内，8h后取

出，随即放入（45±1）℃恒温培养箱内，8h 后取出，恢复室温，开盖，膏体应不溢出管口，将牙膏管体倒置，10s 内应无液体从管口滴出，膏体挤出后与室温保存样品相比较，其香味，色泽应正常。

4.7   过硬颗粒

4.7.1   仪器

过硬颗粒测定仪；载玻片 75mm×25mm。

4.7.2   试剂

硝酸 1+1。

4.7.3   测定程序

取试样牙膏 1 支，从中称取牙膏 5g 于无划痕的载玻片上，将载玻片放入测定仪的固定槽内，压上摩擦铜块，启动开关，使铜块往复摩擦 100 次后，停止摩擦，取出载玻片，用水或热硝酸（1+1）将载玻片洗净，然后观察该片有无划痕。

4.8   可溶氟或游离氟量的测定

4.8.1   仪器

离子计（配有氟离子选择电极和参比电极，电势测量的分度值不大于 0.2mV）；pH 计（精度为 0.02pH 单位）；离心机；恒温水浴锅（精度±1℃）；烘箱（精度±2℃）。

4.8.2   试剂

a）盐酸溶液：4mol/L。

b）氢氧化钠溶液：4 mol/L。

c）柠檬酸盐缓冲液：100g 柠檬酸三钠，600ml 冰醋酸，60g 氯化钠，3，0g 氢氧化钠，用水溶解，并调节 pH 至 5.0～5.5，用水稀释到 1000ml；

d）氟离子标准溶液：精确称取 0.1105g 基准氟化钠[（105±2）℃，干燥 2h]，用去离子水溶解并定容至 500ml，摇匀，储存于聚乙烯塑料瓶内备用，该溶液浓度为 100mg/kg。

4.8.3   样品制备

任取试样牙膏 1 支，从中称取牙膏 20g，精确至 0.001g，置于 50ml 塑料烧杯中，逐渐加入去离子水，搅拌使其溶解，转移至 100ml 塑料容量瓶中，稀释至刻度，摇匀。分别倒入 2 个具有刻度的 10ml 离心管中，使其质量相等。在离心机（2000r/min）中离心 30min，冷却至室温，其上清液用于分析游离氟、可溶氟含量。

4.8.4   标准曲线的绘制

精确吸取 0.5ml、1.0ml、1.5ml、2.0ml、2.5ml 氟离子标准溶液，分别移入 5 个 50ml 塑料容量瓶中，各吸入柠檬酸盐缓冲液 5ml，用去离子水稀释至刻度，然后逐个转入 50ml 塑料烧杯中，在磁力搅拌下测量电位值 E，记录并绘制 E-lg$c$（c 为浓度）标准曲线。

4.8.5   可溶氟的测定：

吸取 5.8.3 制备的上清液 0.5ml，转入到 2ml 微型离心管中，加 4mol/L 盐酸 0.7ml，离心管加盖，50℃水浴 10min，移至 50ml 容量瓶，加入 4mol/L 氢氧化钠 0.7ml 中和，再加 5ml 柠檬酸盐缓冲液，用去离子水稀释至刻度，转入 50ml 塑料烧杯中，在磁力搅拌下测量其电位值。在标准曲线上查出其相应的氟含量，从而计算出可溶性氟含量。

4.8.6   游离氟的测定

吸取 4.8.3 制备的上清液 10ml 置于 50ml 塑料容量瓶中，加柠檬酸盐缓冲液 5ml，用去离子水稀释至刻度，转入 50ml 塑料烧杯中，在磁力搅排下测量其电位值，在标准曲线上查出其相应的氟含量，从而计算出游离氟含量。如果样品中游离氟含量过高，可根据实际情况适当稀释或减少取样量。

4.8.7　计算公式

按式（11）计算样品中可溶氟含量（X）：

$$X = \frac{\text{antilg}c \times 50 \times 100}{0.5 \times m} \quad (11)$$

按式（12）计算样品中游离氟含量（Y）：

$$Y = \frac{\text{antilg}c \times 50 \times 100}{10 \times m} \quad (12)$$

式中，X 为可溶氟含量，单位为毫克每千克（mg/kg）；Y 为游离氟含量，单位为毫克每千克（mg/kg）；antilg$c$ 为标准曲线上所查出氟含量的对数值，再取反对数；m 为样品质量，单位为克（g）。

最后将上述计算结果（mg/kg）换算成百分浓度，并精确到小数点后两位数字。

4.8.8　允许差

两次平行测定结果的允许差为±5%，取其算术平均值作为测定结果。

4.9　总氟量的测定

本标准所列总氟量的测定方法为仲裁检验法，牙膏生产企业可根据产品特性自行选用适当方法进行检验。企业应保留选用方法与仲裁检验方法的方法相关性比对试验报告以证明两种方法检验结果的一致性。

4.9.1　仪器

a）气相色谱仪：氢火焰离子化检测器（FID），配置分流/不分流进样口。

b）毛细管柱：Agilent DB-1，15mm×0.32mm×5μm 或相当的。

c）分析天平：精度为 0.0001 g。

振荡器。

4.9.2　试剂：甲苯；三甲基氯硅烷（TMCS）；高氯酸（70%～72%）；正戊烷（最低纯度 99.5%）；氟化钠[基准氟化钠（105±2）℃，干燥 2h]；去离子水；10%氯化钠溶液（称取 100g 氯化钠于 1 L 玻璃容量瓶中，用去离子水稀释至刻度，摇匀）。

4.9.3　色谱条件

程序升温：初始温度 60℃，初始时间 1.8min，升温速率 40℃/min，终止温度 160℃，保持 3min；进样口温度：200℃；检测器（FID）温度：300℃；载气：氮气，42.3kPa；分流比：1∶13；隔垫吹扫：2ml/min；尾吹气：氮气，25ml/min

4.9.4　氟离子标准溶液及内标液的配制

4.9.4.1　氟离子标准溶液的配制：

按照 4.8.2 配制。

4.9.4.2　内标液的配制

a. 称取约 0.5g 正戊烷于 100ml 玻璃容量瓶中，用甲苯稀释至刻度，摇匀。此内标储备液存放于冰箱中，有效期为 1 个月。

b. 用移液管吸 5.0ml 内标储备液至 250ml 玻璃容量瓶中，用甲苯稀释至刻度，摇匀。此内标液须每次重新配制。同一分析过程中，所有标准溶液和样品溶液必须用同一内标液进行配制。

4.9.5　标准溶液及样品溶液的制备

4.9.5.1　标准溶液的制备:用移液管分别吸 1.0ml 和 5.0ml 氟离子标准溶液至 2 个 40ml

带盖塑料瓶中，加入 10%氯化钠溶液使总体积为 10ml，得标准溶液 A 与 B。其中的氟离子质量分别为 0.1mg 和 0.5mg。

4.9.5.2　样品溶液的制备：称约 0.2g 样品（精确至 0.0001g）至 40ml 带盖塑料瓶中。放 3 粒玻璃珠，加 10.0ml10%氯化钠溶液。将样品溶液放在振荡器上振摇直至膏体完全分散。

4.9.5.3　将标准溶液及样品溶液放入冰水中或冰箱冷冻室冷却 1min，然后用移液管分别在每个瓶中依次加入 0.5ml 高氯酸、10.0ml 正戊烷内标液（准确加入）和 5ml 三甲基氯硅烷，每加完一种试剂立即加盖（此项操作在通风橱中进行）。将加好试剂的标准溶液及样品溶液放在振荡器上，以速度 300r/min 振摇 10min。

4.9.5.4　将上述标准溶液及样品溶液放入冰水中或冰箱冷冻室，冷却至少 1h，以加快其分层。吸取上层清液（甲苯层）于仪器进样瓶中待分析。

4.9.6　总氟量的测定

4.9.6.1　参照气相色谱仪操作规程，设置好仪器分析参数。

4.9.6.2　分别进样 1.0μl 分析标准溶液及样品溶液，采集数据并进行处理。

4.9.7　计算公式

按式（13）分别计算标准溶液 A 与 B 的响应因子（K）：

$$K = \frac{A}{M \times B} \tag{13}$$

式中，K 为标准溶液的响应因子；A 为标准溶液中氟化物的峰面积；B 为标准溶液中正戊烷的峰面积；M 为标准溶液中氟离子质量，单位为毫克（mg）。将标准溶液 A 与 B 的响应因子取平均值，得标准溶液的平均响应因子（K_M）。

按式（14）计算样品中总氟量（Z）：

$$Z = \frac{a}{m \times K_M \times b} \times 100\% \tag{14}$$

式中，Z 为样品中总氟量，结果精确到小数点后两位数字；a 为样品溶液中氟化物的峰面积；b 为样品溶液中正戊烷的峰面积；m 为样品质量，单位为毫克（mg）。

本方法检出限为 0.2mg/kg，定量下限为 1mg/kg。